普通高等教育新形态一体化教材

普通高等院校“十四五”规划化学专业特色教材

物理化学实验

主　编　彭俊军　靳艾平　陈富偈

副主编　卢惠娟　夏　军　刘丽君

编　委　吕少仿　李卫东　刘秀英

刘慧宏　桂云云　刘仰硕

主　审　李　伟　李　明

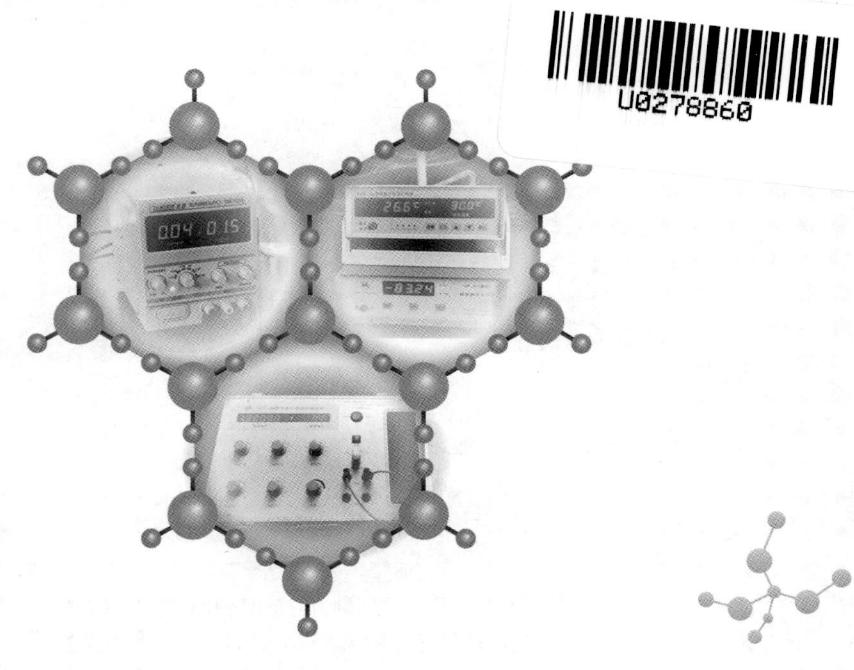

華中科技大學出版社

http://press.hust.edu.cn

中国·武汉

内 容 提 要

本书是在总结武汉纺织大学物理化学教研组老师多年来教学经验基础上编写的实验教材。全书包括绪论、基础实验、综合实验、实验测量仪器和附录部分，共有31个教学实验。这些实验内容与物理化学课程理论知识紧密联系，同时融入我校科学研究特色，体现物理化学多学科交叉的特点。

本书可供高等院校化学、化工、材料科学、环境科学、轻化工程等专业本科生使用，也可作为物理化学专业研究生的参考书，对相关科研技术人员也具有一定参考价值。

图书在版编目(CIP)数据

物理化学实验/彭俊军，靳艾平，陈富偈主编. —武汉：华中科技大学出版社，2021.1(2024.1重印)
ISBN 978-7-5680-1774-9

Ⅰ.①物… Ⅱ.①彭… ②靳… ③陈… Ⅲ.①物理化学-化学实验-高等学校-教材 Ⅳ.①O64-33

中国版本图书馆CIP数据核字(2021)第011158号

物理化学实验
Wuli Huaxue Shiyan

彭俊军　靳艾平　陈富偈　主编

策划编辑：王汉江
责任编辑：王汉江
封面设计：刘　婷
责任校对：阮　敏
责任监印：徐　露
出版发行：华中科技大学出版社(中国·武汉)　　电话：(027)81321913
　　　　　武汉市东湖新技术开发区华工科技园　　邮编：430223
录　　排：武汉市洪山区佳年华文印部
印　　刷：武汉开心印印刷有限公司
开　　本：787mm×1092mm　1/16
印　　张：11.5
字　　数：396千字(含网络资源98千字)
版　　次：2024年1月第1版第2次印刷
定　　价：38.00元

线上作业及资源网的使用说明

建议学员在PC端完成注册、登录、完善个人信息及验证学习码的操作。

一、PC端学员学习码验证操作步骤

1. 登录

(1) 登录网址 http://bookcenter.hustp.com/login.html，完成注册后点击登录。输入账号密码(学员自设)后，提示登录成功。

(2) 完善个人信息(姓名、学号、班级、学院、任课老师等信息请如实填写，线上作业计入平时成绩)，将个人信息补充完整后，点击保存即可完成注册登录。

2. 学习码验证

(1) 刮开本书封底所附学习码的防伪涂层，可以看到一串学习码。

(2) 在个人中心页点击"学习码验证"，输入学习码，点击"验证"按钮，即可验证成功。点击"学习码验证"→"已激活学习码"，即可查看刚才激活的课程学习码。

3. 查看课程

点击"我的资源"→"我的课程"，即可看到新激活的课程，点击课程，进入课程详情页。

4. 做题测试

点开"进入学习"按钮即可查看相关资源，进入习题页，选择具体章节开始做题。做完之后点击"我要交卷"按钮，随后学员即可看到本次答题的分数统计。

二、手机端学员扫码操作步骤

1. 手机扫描二维码，提示登录；新用户先注册，然后再登录。
2. 登录之后，按页面要求完善个人信息。
3. 按要求输入本书封底刮开的学习码。
4. 学习码验证成功后，即可扫码看到对应的习题。
5. 习题答题完毕后提交，即可看到本次答题的分数统计。

扫码做习题

任课老师可根据学员线上作业情况给出平时成绩。

若在操作上遇到什么问题可咨询陈老师(QQ:514009164)和王老师(QQ:14458270)。

郑重声明：本教材一书一码，请妥善保管。请勿购买盗版图书。

前　言

物理化学实验是化学、化工、轻化、材料、环境及相关专业重要的基础化学实验课程。通过课程的学习，可以培养学生掌握和运用化学学科中的基本实验技能与方法，提高学生科学思维能力、实践能力、分析问题和解决问题的能力，以及数据分析与处理的能力。本教材的是在我校物理化学实验讲义基础上进行的梳理、整合、补充和完善，对物理化学实验知识进行了系统总结，从而使学生全面掌握物理化学实验知识，提高实验实践能力，为今后的专业学习和科学研究打下坚实基础。

本教材内容分为 4 章，分别为绪论、基础实验、综合实验和实验测量仪器。其中，绪论部分包含课程目的和要求、实验室安全与防护、实验误差分析、数据处理方法、实验报告书写规范与成绩评定等内容。基础实验部分包含 21 个物理化学实验，涵盖了《物理化学》教材各个章节。此部分内容主要通过基础实验内容的训练，注重理论联系实际，深化学生对物理化学知识的掌握，提高学生实验基础技能和仪器操作能力。综合实验部分为精选的 10 个综合性实验，实验内容偏重化学合成、性能测试和机理分析，结合科学研究热点、专业特色，将物理化学的内容融合其中，旨在通过实验训练提高学生运用物理化学实验知识和技能的能力。实验测量仪器部分总结了物理化学实验中常见测量仪器的使用原理和操作方法。附录列举了物理化学实验中需要的各项数据资料，方便学生对实验数据分析、比对。

另外，本教材附有配套线上学习资料，包括习题、课件与演示操作视频。学生可以利用线上资源进行预习，教师可以根据实际情况开展线上、线下混合模式教学。

本教材的第 1 章由彭俊军、夏军编写；第 2 章由彭俊军、靳艾平、陈富偈、卢惠娟、刘丽君编写；第 3 章由彭俊军、靳艾平、陈富偈、卢惠娟、桂云云编写；第 4 章由彭俊军、靳艾平、夏军编写；附录部分由彭俊军编写。全书最终由彭俊军完成统稿、定稿。

本书的出版得到了武汉纺织大学教材出版项目经费的资助，同时也得到了华中科技大学出版社的大力支持和帮助，在此一并表示衷心感谢！

由于编者的水平有限，不当之处恳请读者不吝赐教，在此谨表谢意。

编　者

2023 年 12 月

目　　录

第1章　绪　　论

物理化学实验是一门重要的基础实验课程，它与无机化学实验、分析化学实验和有机化学实验等相互衔接，构成化学、化工、轻化、材料、环境等相关专业完整的实验课程体系。物理化学实验课程的开设可以帮助学生深入理解化学学科的基本理论和原理，掌握化学实验中的操作技能和方法，培养科学思维、综合分析和解决问题的能力，引导学生自觉学习，树立科学的世界观、方法论。

1.1　课程目标和要求

1. 课程目标

1）知识目标

通过物理化学实验的学习，使学生掌握物理化学实验的基本实验方法和实验技能，包括热力学实验、化学动力学实验、电化学实验、胶体与界面化学实验等；学会对实验数据进行处理及分析；加深对物理化学理论知识的理解，增强理论与实践的结合。

2）能力目标

通过实验操作、现象观察和数据处理，锻炼学生分析问题、解决问题的能力。通过对物理化学实验仪器的操作使用训练，掌握现代仪器在物理化学实验中的运用方法，培养学生的动手能力。

3）素质目标

通过实验操作训练、实验报告书写、实验交流与分享，培养学生实事求是的科学态度，严肃认真、一丝不苟的科学作风和协同合作的科学精神。

2. 课程要求

1）实验预习

学生进入实验室之前必须按任课教师的要求认真对实验内容进行预习，要求了解实验目的，掌握实验基本原理及实验仪器的操作方法，明确实验内容等。同时，观看线上平台的实验视频资料，完成相应的预习题目，在此基础上写出预习报告，包括实验目的、主要仪器和试剂、实验操作方案、实验注意事项及实验数据记录表等。预习报告需要在进入实验室之前完成，并在课前交给任课教师检查。实验结束后，任课教师需要在预习报告中给出相应的预习成绩。

2）实验操作

学生按规定要求在指定的实验台面进行实验操作。实验前，观察台面上准备的仪器和药品。仪器的使用要严格按照操作规程进行，不可盲动。对于实验操作步骤，通过预习应做到心中有数，严禁边看书边操作。实验操作期间，要仔细观察实验现象，并做好记录。如发现异常现象应仔细查明原因，或请指导教师帮助分析处理。实验原始数据要详细、准确、实事求是地记录在实验数据记录表上。数据记录尽量采用表格形式，做到整洁、清楚，不随意涂改，指导教师签字后，给出实验操作成绩。实验完毕，应清洗、核对仪器，指导教师或实验管理老师同意后，方可离开实验室。

3）实验报告

学生应在实验后规定的时间内独立完成实验报告，及时送任课教师批阅。实验报告的内容包括实验目的、仪器与试剂、实验原理、实验步骤、原始实验数据记录、数据处理与分析、总结和思考。数据处理应有数据处理过程，包括计算机作图、拟合与分析，并根据结果进行相应的计算，而不是只列出作图结果；数据分析应包括对实验现象的分析解释，查阅文献的情况，对实验结果误差的定性分析或定量计算，实验的心得体会及对实验的改进意见等。实验结果的总结与分析是实验报告中的重要内容，可以锻炼学生分析、归纳、总结的能力。

4）实验评价

实验课程的评价，包括线上预习成绩、预习报告、实验操作、实验报告以及期末考试等内容。其中，期末考试是通过抽签完成一个实验项目，要求在规定时间内完成实验设计、实验操作和实验报告，教师要在考试现场给出考试过程相应环节的分数。

5）综合实验要求

本课程的综合实验为选修开设内容，要求在教师的指导下，查阅文献资料，设计实验方案，准备实验仪器和试剂。教师根据学生的预习准备情况，给予学生单独完成实验项目的指导，以及现代仪器的测试指导。综合实验内容需要 8～16 课时，时间跨度大，要求学生做好对实验时间的有序安排。实验结束后，要求学生用论文的形式写出实验报告。

1.2 实验室安全与防护

在化学实验室里，常常潜藏着诸如发生爆炸、着火、中毒、灼伤、割伤、触电等事故的危险性。如何防止这些事故的发生，以及万一发生事故如何急救，都是每一个化学实验工作者必须具备的素质。本节主要结合物理化学实验的特点，介绍安全用电常识及使用化学药品的安全防护等知识。

1. 安全用电常识

物理化学实验使用电器较多，特别要注意用电安全。不正确用电可能造成仪器设备损坏、火灾甚至人身伤亡等严重事故。为了保障人身安全，一定要遵守以下安全用电规则。

1）防止触电

不用潮湿的手接触电器，实验开始时，应先连接好电路再接通电源；修理或安装电器时，应先切断电源；实验结束时，先切断电源再拆线路。不能用试电笔去试高压电，使用高压电源应有专门的防护措施。如果有人触电，首先应迅速切断电源，然后进行抢救。

2）防止发生火灾及短路

电线的安全通电量应大于用电功率，使用的保险丝要与实验室允许的用电负荷相符。实验室如有氢气、煤气等易燃易爆气体，应避免产生电火花。继电器工作时、电器接触点接触不良及开关电闸时均易产生电火花，要特别小心。如遇电线起火，应立即切断电源，用沙或二氧化碳、四氯化碳灭火器灭火，禁止用水或泡沫灭火器等导电液体灭火。电线、电器不能被水浸湿或浸在导电液体中，线路中各接点应牢固，电路元件两端接头不要互相接触，以防短路。

3）电器仪表的安全使用

使用前首先要了解电器仪表要求使用的电源是交流电还是直流电，是三相电还是单相电，以及电压的大小（如380 V、220 V）。须弄清电器功率是否符合要求及直流电器仪表的正、负极。仪表量程应大于待测量，待测量大小不明时，应从最大量程开始测量。实验前要检查线路连接是否正确，经教师检查同意后方可接通电源。在使用过程中如出现不正常声响、局部温度升高或嗅到焦味等异常现象，应立即切断电源，并报告教师进行检查。

2. 化学药品的安全防护

1）防毒

进入实验室前应了解所用药品的毒性及防护措施。操作有毒性化学药品时应在通风橱内进行，避免与皮肤接触。剧毒药品应妥善保管并小心使用。不要在实验室内喝水、吃东西，离开实验室要洗净双手。

2）防爆

当可燃气体与空气的混合物的比例处于爆炸极限时，受到热源（如电火花）诱发将会引起爆炸，因此使用时要尽量防止可燃性气体逸出，保持室内通风良好。操作大量可燃性气体时，严禁使用明火和可能产生电火花的电器，并防止其他物品撞击产生电火花。

另外，有些药品如乙炔银、过氧化物等受震或受热易引起爆炸，使用时要特别小心。严禁将强氧化剂和强还原剂放在一起；久藏的乙醚使用前应除去其中可能产生的过氧化物；进行易发生爆炸的实验，应有防爆措施。

3）防火

许多有机溶剂如乙醚、丙酮等非常容易燃烧，使用时室内不能有明火、电火花等。化学药品用后要及时进行回收处理，不可倒入下水道，以免聚集引起火灾。实验室内不可存放过多这类药品。

另外，有些物质如磷、金属钠及比表面很大的金属粉末（如铁、铝等）易氧化自燃，在保存和使用时要特别小心。

实验室一旦着火不要惊慌，应根据情况选用不同的灭火剂进行灭火。以下几种情况不能用水灭火：

（1）有金属钠、钾、镁、铝粉、电石、过氧化钠等时，应用干沙等灭火；

（2）密度比水小的易燃液体着火，应采用泡沫灭火器；

（3）有灼烧的金属或熔融物的地方着火时，应用干沙或干粉灭火器；

（4）电器设备或带电系统着火，用二氧化碳或四氯化碳灭火器。

4）防灼伤

强酸、强碱、强氧化剂、溴、磷、钠、钾、苯酚、冰醋酸等都会腐蚀皮肤，特别要防止溅入眼内。液氧、液氮等低温也会严重灼伤皮肤，使用时要小心。万一灼伤应及时治疗。

3. 汞的安全使用

汞中毒分急性和慢性两种。急性中毒多为高汞盐（如 $HgCl_2$）入口所致，0.1～0.3 g即可致死。吸入汞蒸气会引起慢性中毒，症状为食欲不振、恶心、便秘、贫血、骨骼和关节疼痛、精神衰弱等。汞蒸气的最大安全浓度为0.1 $mg \cdot m^{-3}$，而20 ℃时汞的饱和蒸气压约为0.16 Pa，超过安全浓度130倍。所以，使用汞必须严格遵守下列操作规定：

(1) 储汞的容器要用厚壁玻璃器皿或瓷器，在汞面上加盖一层水，避免直接暴露于空气中，同时应放置在远离热源的地方。一切转移汞的操作，应在装有水的浅瓷盘内进行。

(2) 装汞的仪器下面一律放置浅瓷盘，以防止汞滴落到桌面或地面上。万一有汞掉落，要先用吸汞管尽可能将汞珠收集起来，然后把硫黄粉撒在汞溅落的地方，并摩擦使之生成 HgS，也可用 $KMnO_4$ 溶液使其氧化。擦过汞的滤纸等必须放在装有水的瓷缸内。

(3) 使用汞的实验室应有良好的通风设备；手上若有伤口，切勿接触汞。

4. 实验室安全规则

实验室规则是人们长期从事化学实验工作的总结，它是保持良好环境和工作秩序，防止意外事故，做好实验的重要前提，也是培养学生优良素质的重要措施。

(1) 遵守纪律，不迟到，不早退，保持室内安静，不到处乱走，不许使用手机处理与实验无关的事情。

(2) 未经老师允许不得随意使用仪器设备，使用时要爱护仪器，如发现仪器损坏，应立即报告指导教师并查明原因。

(3) 随时注意室内整洁卫生，火柴杆、纸张等废物只能丢入废物缸内，不能随地乱丢，更不能丢入水槽，以免堵塞。实验完毕将玻璃仪器洗净，把实验桌打扫干净，公用仪器、试剂药品等都要整理整齐。

(4) 实验时要集中注意力，认真操作，仔细观察，积极思考，不得在实验过程中聊天、打闹或嬉戏。出现实验异常情况，及时与任课教师沟通。

(5) 实验结束后，由同学轮流值日，负责打扫整理实验室，检查水、煤气、门窗是否关好，电闸是否拉掉，以保证实验室的安全。

(6) 实验过程中必须穿实验工作服，根据需要佩戴防护镜。不允许穿拖鞋进入实验室。

1.3 实验误差分析

物理化学实验数据是按照实验方案，选择合适的实验仪器，由操作者进行测量、记录及分析得到的结果。实验数据由于实验方法的可靠程度，所用仪器的精密度和实验者感官的限度等各方面条件的限制，使得测量结果存在误差。因此，分析实验误差产生的原因，合理减小实验误差，使实验结果尽量达到真实值是非常有必要的。

1. 准确度与精密度

准确度是指实验测量值与真实值符合的程度，通常用误差的大小进行衡量。误差是测量数据与真实值之间的差值。误差越小，准确度越高。而真实值是指用已消除系统误差的实验手段和方法进行足够多次的测量所得的算术平均值或者文献手册中的公认值。

精密度是指实验测量结果的可重复性及测量值有效数字的位数。因此测量的准确度和精密度是有区别的，高精密度不一定能保证有高准确度，但高准确度必须有高精密度来保证。通常实验精密度的高低可以用偏差来衡量。精密度越高，即偏差越小。偏差是测量数据之间的差值。

2. 误差的分类

减小实验测量误差是实验操作者在实验过程中必须掌握的规则。因此，正确认识误差的分类及产生的原因非常有必要。

按误差的性质，可分为以下三类：

1）系统误差

系统误差，又称恒定误差，是指由客观存在的不可改变的因素导致的实验数值与真实值之间的差值，一般是在相同条件下多次测量的平均值。误差的绝对值和符号保持恒定，或在条件改变时按某一确定规律变化。产生系统误差的原因包括以下几个方面：

(1) 测量方法本身的限制，例如反应进行不完全、使用了近似公式等；

(2) 仪器、药品方面的因素，如电表零点偏差、温度计刻度不准、药品纯度不高等；

(3) 操作者的习惯，如使用秒表时按快或按慢、滴定时颜色变化不敏感等。

系统误差在相同条件下重复实验无法完全消除，但可以通过对仪器的校正、改变实验方法、修正计算公式、改变操作习惯等措施使其尽量减小。

2）过失误差

过失误差是由于实验过程中发生明显的错误而导致实验结果的误差。它主要是由操作者读错、记错，或改变实验条件等因素所致。如发现有此种误差产生，所得数据应予以剔除。对于此类误差，只要认真实验，按规范操作，加强责任心，就可以避免。

3）偶然误差

偶然误差又称随机误差，在相同条件下多次测量同一量时，误差的绝对值时大时小，符号时正时负，但随测量次数的增加，其平均值趋近于零，即具有抵偿性，它的产生并不确定，一般是由环境条件的改变(如大气压、温度的波动)和操作者感观分辨能力的限制所致。

3. 误差的表达方法

1）绝对误差与相对误差

测量值与真实值之差，称为绝对误差。

$$\delta_i = x_i - x \qquad (1\text{-}3\text{-}1)$$

式中：δ_i 表示绝对误差，x_i 表示测量值，x 表示真实值。

绝对误差与真实值之比，称为相对误差。

$$A_i = \frac{|\delta_i|}{x} \times 100\% = \frac{|x_i - x|}{x} \times 100\% \qquad (1\text{-}3\text{-}2)$$

式中：A_i 表示相对误差。

可见，相对误差不仅与绝对误差有关，还与被测量值的大小有关，因而便于比较不同量的测量结果。

2）平均误差(δ)

$$\delta = \frac{\sum_i |x_i - \bar{x}|}{n}, \quad i = 1,2,\cdots,n \qquad (1\text{-}3\text{-}3)$$

3）标准误差(σ)

标准误差又称均方根误差，在有限次测量中表示为

$$\sigma = \sqrt{\frac{\sum_i (x_i - \bar{x})^2}{n-1}}, \quad i = 1,2,\cdots,n \qquad (1\text{-}3\text{-}4)$$

平均误差计算简便，但在反映测量精密度时不够灵敏。若对同一测定量有两组数据，甲组

每次测量的绝对误差彼此接近，乙组每次测量的绝对误差有大、中、小之分，如用 δ 表示，可能得到相同结果。而用 σ 表示，就能看出它们之间的差别。

测量结果表示为 $\bar{x}\pm\delta$ 或 $\bar{x}\pm\sigma$。

4）一次测量值的误差估计

如果对某一物理量测定三次以上，可求出平均误差。而在物理化学量的测定中，有些物理量只测定一次，这时可按仪器精密度估计误差。如：1 ℃刻度的温度计误差估计为±0.2 ℃，贝克曼温度计的误差估计为±0.002 ℃，50 mL 滴定管的误差估计为±0.02 mL，分析天平的误差估计为±0.0002 g 等。

4. 有效数字

当对一个测定的量进行记录时，所记数字的位数应与仪器的精密度相符合，即所记数字的最后一位为仪器最小刻度以内的估计值，称为可疑值，其他几位为准确值，这样一个数字称为有效数字，它的位数不可随意增减。在间接测量中，须通过一定公式将直接测量值进行运算，运算中对有效数字位数的取舍应遵循如下规则：

(1) 误差一般只取一位有效数字，最多取两位。

(2) 有效数字的位数越多，数值的精确度也越大，相对误差越小。

(3) 若第一位的数值等于或大于 8，则有效数字的总位数可多算一位，如 9.23 虽然只有三位，但在运算时，可以看作四位。

(4) 运算中舍弃过多不定数字时，应用"4 舍 6 入，逢 5 尾留双"的原则。例如，将下列数字全部修正为四位有效数字（横线后为修正后的数字）：0.53664—0.5366，27.1829—27.18，0.53666—0.5367，8.3176—8.318，18.2750—18.28，12.6450—12.64。

(5) 在加减运算中，各数值小数点后所取的位数，以其中小数点后位数最少者为准。

(6) 在乘除运算中，各数保留的有效数字，应以其中有效数字最少者为准。

(7) 在乘方或开方运算中，结果可多保留一位。

(8) 对数运算时，对数中的首数不是有效数字，对数的尾数的位数，应与各数值的有效数字相当。

(9) 算式中，常数 π，e 及乘子 $\sqrt{2}$ 和某些取自手册的常数不受上述规则限制，其位数按实际需要取舍。

1.4　数据处理方法

物理化学实验数据的表示法主要有三种方法：列表法、作图法、数学方程式法。

1. 列表法

将实验数据列成表格，排列整齐，使人一目了然，如表 1-4-1 所示。这是数据处理中最简单的方法，应注意以下几点：

(1) 表格要有名称。

(2) 每行（或列）的开头一栏都要列出物理量的名称和单位，并把二者表示为相除的形式。因为物理量的符号本身是带有单位的，除以它的单位，即等于表中的纯数字。

(3) 数字要排列整齐，小数点要对齐，公共的乘方因子应写在开头一栏与物理量符号相乘的形式，并为异号。

(4) 表格中表达的数据顺序为由左向右，由自变量到因变量。可以将原始数据和处理结果列在同一表中，但应以一组数据为例，在表格下面列出算式，写出计算过程。

表 1-4-1 液体表面张力测定数据表

样品浓度		0	10	25	50	100	150	200	250
最大压力差/Pa	1	5209	5001	4856	4456	3991	3638	3430	3205
	2	5209	5001	4856	4456	4007	3654	3430	3205
	3	5193	4969	4840	4456	4007	3638	3414	3205
	平均值	5204	4990	4851	4456	4002	3643	3425	3205
$\sigma/(N\cdot m^{-1})$		0.0720	0.0690	0.0671	0.0616	0.0553	0.0504	0.0474	0.0443
$\Gamma/(mol\cdot m^{-2})$		9.701E-7	2E-6	3.11E-6	4.29E-6	4.91E-6	5.3E-6	5.56E-6	9.701E-7

2. 作图法

作图法在物理化学量的测量实验中得到广泛的使用。利用图形表示实验结果有很多优点。从图形常可直接看出数据间的规律性，如曲线的极大点、极小点、拐点等；应用作图法可以确定方程式中某些常数，而这些常数往往具有物理意义。

例如，测定不同温度下苯的饱和蒸气压，然后作 $\ln p-\frac{1}{T}$ 图，可得到一条直线，其直线方程为

$$\ln p=\frac{m}{T}+B \tag{1-4-1}$$

式中：m 表示直线的斜率；B 表示直线的截距。

又根据克劳修斯(Clausius)-克拉佩龙(Clapeyron)方程式

$$\ln p=\frac{-\Delta_{vap}H_m}{RT}+B \tag{1-4-2}$$

式中：$\Delta_{vap}H_m$ 表示苯的摩尔蒸发焓；B 表示积分常数。

比较两式得 $m=-\frac{\Delta_{vap}H_m}{R}$，因此由直线斜率可求出苯的摩尔蒸发焓。

要作图，至少需要测量两个变量，一个是自变量，另一个是因变量。将自变量和因变量按一定顺序一一对应列成表，然后按表便可作图。

作图时须注意以下几点：

(1) 直角坐标纸(或称方格纸)在作图中最为常用。作图时以自变量为横坐标，以因变量为纵坐标。坐标上要标明变量的名称和单位，并且在一定距离的地方标明该处变量的值，以方便作图和读数。一般地，每个格子代表的数值应与测量的精确度相当，通常每个小格应能代表测量值的最后一位可靠数字或可疑数字。

作图时尽可能利用方格纸的全部，因此坐标不一定都从零开始。如果是直线，则其斜率接近1的为最好。

(2) 标记数据的点，通常用比较细的“+”号或“⊙”及“△”表示。“+”字的长短及点的外

圈半径应大致与每次测量的误差相当。若在同一张图上有多组不同的数据，应分别用不同的符号表示，并在图中附以说明。

点描好后，可用曲线板或直尺描出尽可能接近于大多数点的曲线，曲线应光滑均匀。当然曲线一般不可能通过所有的点，但散在曲线两侧的点偏离曲线的距离应近乎相等。每个图应有简明的标题，纵、横轴所代表的变量名称及单位，作图所依据的条件说明等。

（3）坐标纸除常用的直角坐标纸外，在物理化学中还常用到半对数坐标、对数-对数坐标和三角坐标。例如对 $\lg p$-$\frac{1}{T}$作图时，利用半对数坐标纸可免去换算成对数的麻烦（见图 1-4-1），三角坐标一般用于三元系统的相平衡图。

（4）确定曲线斜率的方法。图解微分法的中心问题就是准确地求取曲线上指定点的斜率。为此，就要作出通过曲线上指定点的切线，在此介绍的镜面法比较简单可靠，如图 1-4-2 所示。

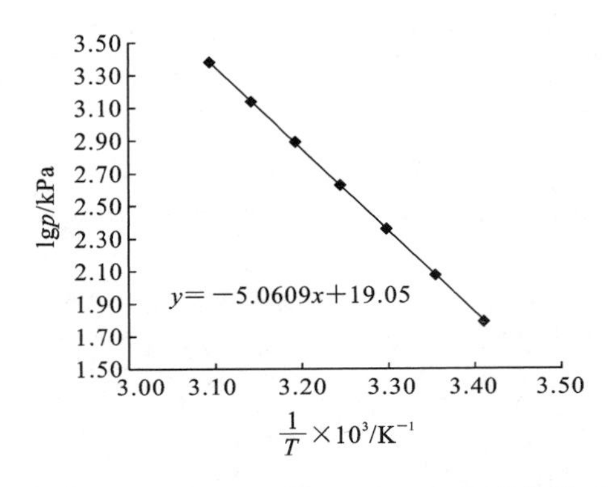

图 1-4-1　乙醇饱和蒸气压 $\lg p$ 与温度的关系

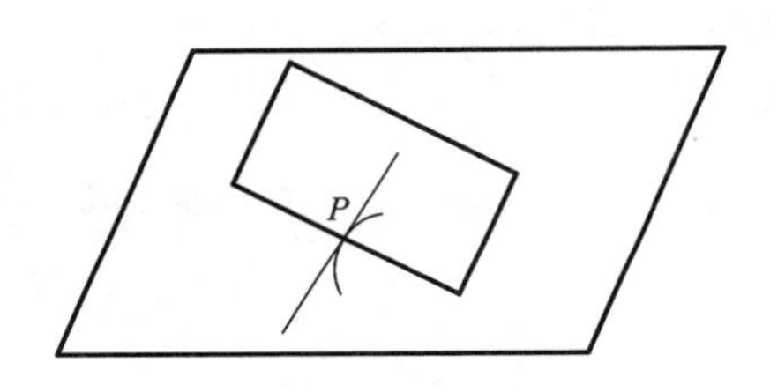

图 1-4-2　镜像法示意图

取一块平面小长方镜，垂直地放在曲线的指定点上，以该点为轴稍微转动平面镜，找到这样的位置：镜中映像与镜前曲线呈光滑连续而无转折。此时沿镜面作一直线，此直线即曲线的法线（通过指定点 P），为弥补作图误差使法线作得更准确些，可将镜面反转至曲线另一段。按上述方法再作一法线，如两法线重叠，说明两次作图一致，如不重叠，可取两法线的中线作为该点法线。作此法线垂线可得切线（或与切线平行的线段），有了切线（或与之平行线段）斜率便可求出。

3. 数学方程式法

将实验数据用数学方程式的形式表达出来，是一种简单而有效的数据表达方法。可以将方程式进行微分、积分处理，进行相关数值计算。数学方程式法是一种近似的描述数据方法。一般可以先将实验数据进行作图，然后根据实验数据点的走势，对可能的函数关系式进行验证，从而确定最佳的数学方程式。

在使用数学方程式时，常常选择直线性方程式 $Y=aX+b$ 的形式来处理数据。根据线性方程式可以求出方程的参数 a 和 b。如果函数不符合线性关系式，可以通过对函数的因变量和自变量进行数学变换，如表 1-4-2 所示，这样就得到不同的线性方程式。

根据线性方程式法确定参数 a 和 b，通常采用最小二乘法来处理。最小二乘法是根据测量残差的平方和最小求得。下面以简单的线性方程式 $y=ax+b$ 为例来说明最小二乘法。

表 1-4-2 将非线性函数转化为线性方程式

原函数式	坐标变换		直线化后的方程式 $Y=mX+c$
	Y	X	
$y=bx^a$	$\ln y$	$\ln x$	$Y=aX+\ln b$
$y=ba^x$	$\ln y$	x	$Y=X\ln a+\ln b$
$y=be^{ax}$	$\ln y$	x	$Y=aX+\ln b$
$y=a+bx^2$	y	x^2	$Y=bX+a$
$y=a+b\lg x$	y	$\lg x$	$Y=bX+a$
$y=\frac{1}{ax+b}$	$\frac{1}{y}$	x	$Y=aX+b$
$y=\frac{x}{ax+b}$	$\frac{x}{y}$ 或 $\frac{1}{y}$	x 或 $\frac{1}{x}$	$Y=aX+b$ 或 $Y=bX+a$

假定实验测量数据 x 和 y 中，x 是准确测量值，y 是存在测量偶然误差值。由实验测量得到一组数据为 (x_i, y_i)，$i=1,2,\cdots,n$，其中 $x=x_i$ 时对应的 $y=y_i$。由于测量总是有误差的，我们将这些误差归结为 y_i 的测量残差，记为 $\varepsilon_1,\varepsilon_2,\cdots,\varepsilon_n$。这样，将实验数据 (x_i, y_i) 代入方程 $y=a+bx$ 后，得到

$$\begin{cases} y_1-(a+bx_1)=\varepsilon_1 \\ y_2-(a+bx_2)=\varepsilon_2 \\ \quad\vdots \\ y_n-(a+bx_n)=\varepsilon_n \end{cases} \tag{1-4-3}$$

利用上述的方程组来确定 a 和 b，那么 a 和 b 要满足什么要求呢？显然，比较合理的 a 和 b 是使 $\varepsilon_1,\varepsilon_2,\cdots,\varepsilon_n$ 的数值都比较小。但是，每次测量的误差不会相同，反映在 $\varepsilon_1,\varepsilon_2,\cdots,\varepsilon_n$ 大小不一，而且符号也不尽相同。所以只能要求总的偏差最小，即

$$\sum_{i=1}^{n}\varepsilon_i^2 \rightarrow \min \tag{1-4-4}$$

令

$$S=\sum_{i=1}^{n}\varepsilon_i^2=\sum_{i=1}^{n}(y_i-a-bx_i)^2 \tag{1-4-5}$$

使 S 为最小的条件是

$$\begin{cases} \frac{\partial S}{\partial a}=-2\sum_{i=1}^{n}(y_i-a-bx_i)=0 \\ \frac{\partial S}{\partial b}=-2\sum_{i=1}^{n}(y_i-a-bx_i)x_i=0 \end{cases} \tag{1-4-6}$$

解得

$$a=\frac{\sum_{i=1}^{n}x_i\sum_{i=1}^{n}(x_iy_i)-\sum_{i=1}^{n}x_i^2\sum_{i=1}^{n}y_i}{\left(\sum_{i=1}^{n}x_i\right)^2-n\sum_{i=1}^{n}x_i^2} \tag{1-4-7}$$

$$b=\frac{\sum_{i=1}^{n}x_i\sum_{i=1}^{n}y_i-n\sum_{i=1}^{n}(x_iy_i)}{\left(\sum_{i=1}^{n}x_i\right)^2-n\sum_{i=1}^{n}x_i^2} \tag{1-4-8}$$

令 $\bar{x}=\frac{1}{n}\sum_{i=1}^{n}x_i$，$\bar{y}=\frac{1}{n}\sum_{i=1}^{n}y_i$，$\bar{x}^2=\left(\frac{1}{n}\sum_{i=1}^{n}x_i\right)^2$，$\overline{x^2}=\frac{1}{n}\sum_{i=1}^{n}x_i^2$，$\overline{xy}=\frac{1}{n}\sum_{i=1}^{n}(x_iy_i)$，则

$$a=\bar{y}-b\bar{x} \tag{1-4-9}$$

$$b=\frac{\bar{x}\cdot\bar{y}-\overline{xy}}{\bar{x}^2-\overline{x^2}} \tag{1-4-10}$$

如果实验是在已知 y 和 x 满足线性关系下进行的，那么用上述最小二乘法线性拟合（又称一元线性回归）可解得斜率 a 和截距 b，从而得出回归方程 $y=a+bx$。如果实验是要通过对 x、y 的测量来寻找经验公式，则还应判断由上述一元线性拟合所确定的线性回归方程是否恰当。这可用下列相关系数 r 来判别：

$$r=\frac{\overline{xy}-\bar{x}\cdot\bar{y}}{\sqrt{(\overline{x^2}-\bar{x}^2)(\overline{y^2}-\bar{y}^2)}} \tag{1-4-11}$$

式中：$\bar{y}^2=\left(\frac{1}{n}\sum_{i=1}^{n}y_i\right)^2$，$\overline{y^2}=\frac{1}{n}\sum_{i=1}^{n}y_i^2$。

回归系数与线性关系如图 1-4-3 所示。可以证明，$|r|$ 值总是在 0 和 1 之间。$|r|$ 值越接近 1，说明实验数据点密集地分布在所拟合的直线的附近，用线性函数进行回归是合适的。$|r|=1$ 表示变量 x、y 完全线性相关，拟合直线通过全部实验数据点。$|r|$ 值越小，线性越差，一般 $|r|\geqslant 0.9$ 时可认为两个物理量之间存在较密切的线性关系，此时用最小二乘法直线拟合才有实际意义。

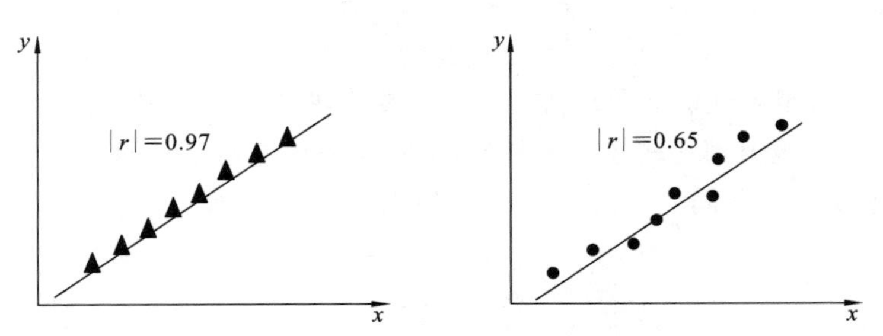

图 1-4-3 回归系数与线性关系

最小二乘法虽然处理数据误差小，但是计算过程烦琐，在实际使用时很少用。随着计算机技术的发展和应用，利用计算机进行数据处理拟合，计算回归系数非常简单方便，从而为物理化学实验数据处理提供了有利的工具。具体讲解将在下节中详细说明。

1.5 计算机在物理化学实验中的数据处理

利用计算机来处理物理化学实验中的数据，并对数据进行分析，已经成为科学研究中不可缺少的一部分。学会利用计算机软件处理数据，并对数据进行最小二乘法的拟合，求相关参数和回归系数，是物理化学实验中必须掌握的重要技能。当前，Origin 软件是实验数据处理和作图中常用的专业软件。在此，我们将介绍 Origin 软件在物理化学实验数据处理方面的应用。

Origin 是美国 OriginLab 公司推出的数据分析和绘图软件。该软件不仅包括计算、统计、直线拟合和曲线拟合等各种完善的数据分析功能，而且提供了几十种二维和三维绘图模板，其功能强大，是当今世界上最著名的科技绘图和数据处理软件之一。该软件在使用上，采用直观、图形化、面向对象的窗口菜单和工具栏操作，容易上手，是公认的简单易学、操作灵活、快捷的工程制图软件，可以满足一般用户及高级用户的制图需要、数据分析和函数拟合的需要，因此在世界各国科技工作者中使用较为普遍。

用 Origin 软件处理化学实验数据，不用编程，只要输入测量数据，然后再选择相应的菜单命令，点击相应的工具按钮，即可方便地进行有关计算、统计、作图、曲线拟合等处理，操作快速简便。

以下给出三个示例说明其数据处理及作图步骤。

1. 用 Origin 软件绘制线性关系数据图形及拟合

这里用 Origin 软件处理饱和蒸气压测定实验数据及作图，步骤如下。

(1) 启动 Origin 程序，点击 Newsheet 命令键，然后将数据名字、单位及数据输入 sheet 表中。将实验测定温度 t 及对应的蒸气压数据 p 填入表格的 A、D 列中，然后输入公式计算 B 列开尔文温度值，操作为左键点击选定 B 列，点击右键选择“Set Values”，在弹出的对话框中输入计算公式“ col(a)+273.15”，如图 1-5-1 所示，点击“OK”按钮完成 B 列值的设置。按此方法依次输入公式“(1/col(B)) * 1000”和“ln(col(d))”设置 C 列和 E 列的值，计算 1/T * 1000 和 lnp，所得结果如图 1-5-2 所示。

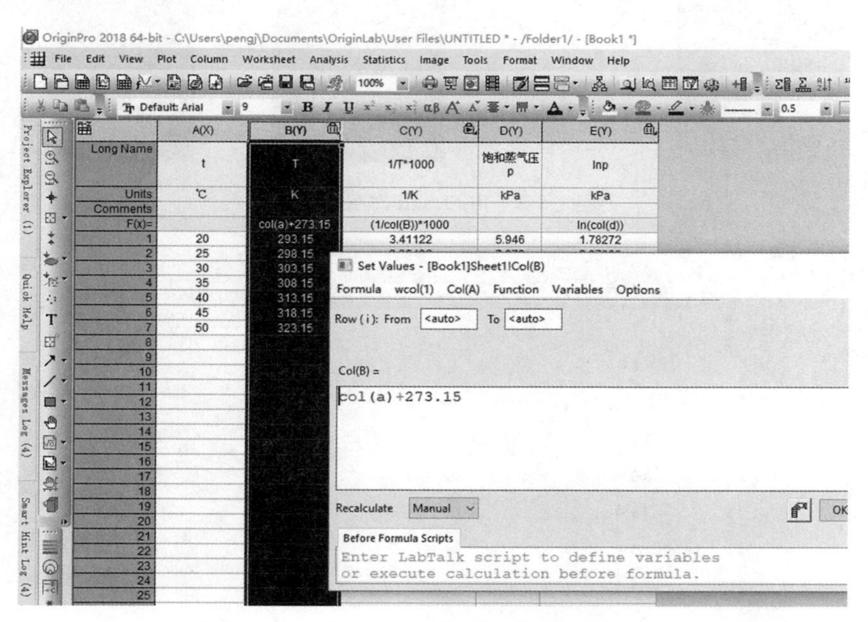

图 1-5-1　用 Origin 处理数据公式的设定

(2) 对上述所得数据进行作图：把鼠标放在 C 列上，点击选定 C 列所有数据。再点击鼠标右键，然后选择“Set as X”，使 C 列变成 C(X2)。同时 D 列、E 列也变成 D(Y2)、E(Y2)。按住 Ctrl 键，同时选定 C(X2)列和 E(Y2)列，如图 1-5-3 所示。再在菜单栏中点击 Plot，选 2D 中的 Scatter 可绘制出以 C(X2)列为 X 轴，E(Y2)列为 Y 轴的散点图，如图 1-5-4 所示。

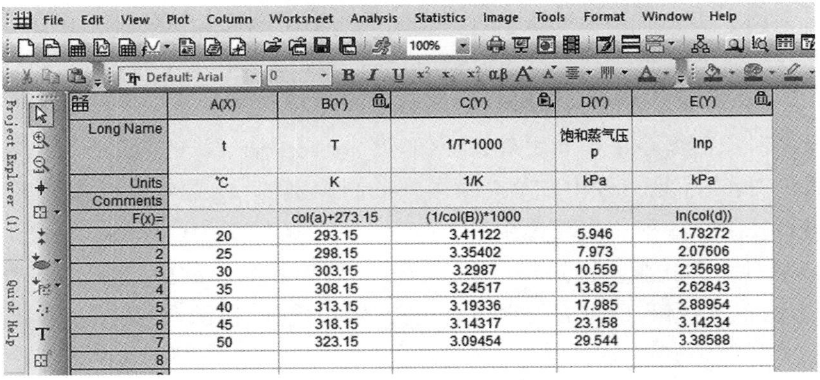

File Edit View Plot Column Worksheet Analysis Statistics Image Tools Format Window Help

	A(X)	B(Y)	C(Y)	D(Y)	E(Y)
Long Name	t	T	1/T*1000	饱和蒸气压 p	lnp
Units	℃	K	1/K	kPa	kPa
Comments					
F(x)=		col(a)+273.15	(1/col(B))*1000		ln(col(d))
1	20	293.15	3.41122	5.946	1.78272
2	25	298.15	3.35402	7.973	2.07606
3	30	303.15	3.2987	10.559	2.35698
4	35	308.15	3.24517	13.852	2.62843
5	40	313.15	3.19336	17.985	2.88954
6	45	318.15	3.14317	23.158	3.14234
7	50	323.15	3.09454	29.544	3.38588
8					

图 1-5-2　用 Origin 处理数据结果

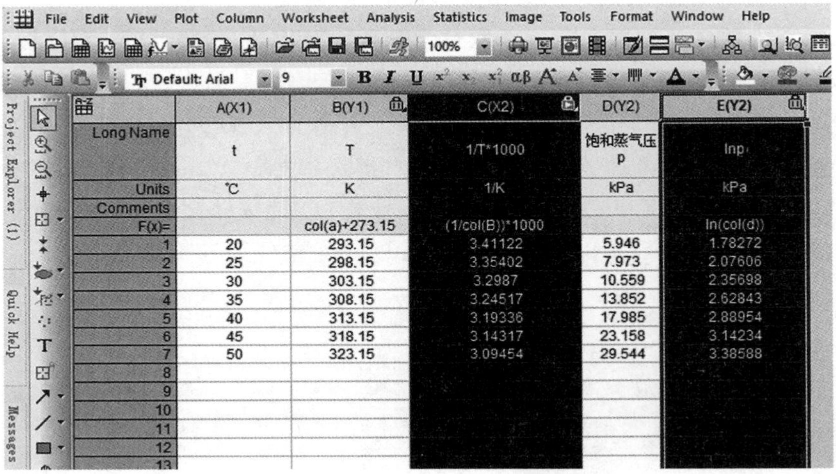

File Edit View Plot Column Worksheet Analysis Statistics Image Tools Format Window Help

	A(X1)	B(Y1)	C(X2)	D(Y2)	E(Y2)
Long Name	t	T	1/T*1000	饱和蒸气压 p	lnp
Units	℃	K	1/K	kPa	kPa
Comments					
F(x)=		col(a)+273.15	(1/col(B))*1000		ln(col(d))
1	20	293.15	3.41122	5.946	1.78272
2	25	298.15	3.35402	7.973	2.07606
3	30	303.15	3.2987	10.559	2.35698
4	35	308.15	3.24517	13.852	2.62843
5	40	313.15	3.19336	17.985	2.88954
6	45	318.15	3.14317	23.158	3.14234
7	50	323.15	3.09454	29.544	3.38588
8					
9					
10					
11					
12					
13					

图 1-5-3　用 Origin 作图的方法

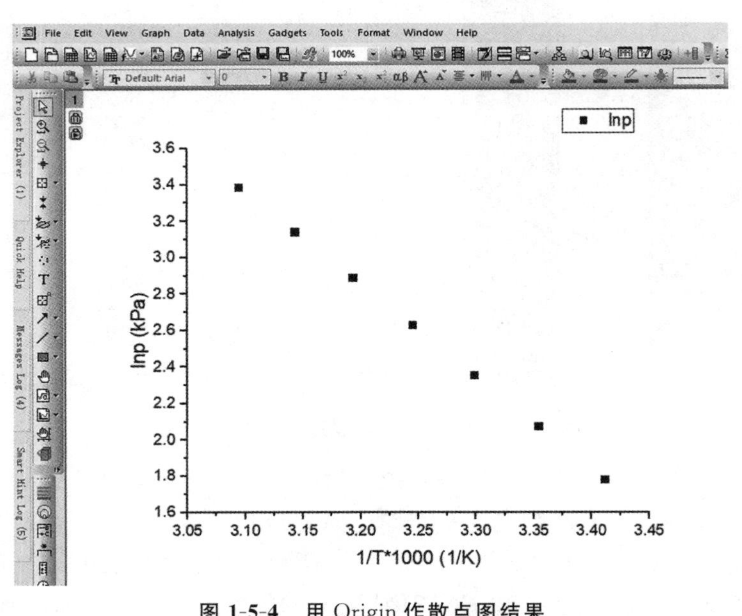

图 1-5-4　用 Origin 作散点图结果

然后对所得散点图进行线性拟合，方法是左键点击“Analysis”选择 Fitting→Linear Fit→Open Dialog，点击“OK”按钮，即得拟合的直线，并在绘图窗口给出了拟合后的线性方程，其斜率 b、截距 a 以及相关性 R 等信息，如图 1-5-5 所示。最后回到 Graph1 页面，调整好坐标轴刻度及坐标轴标识，横坐标为 $1/T*1000(K^{-1})$，纵坐标为 lnp。将所得结果直接用 Origin 软件打印或点击菜单栏中“Edit”→“Copy Page”，然后粘贴到 Word 文档中打印。

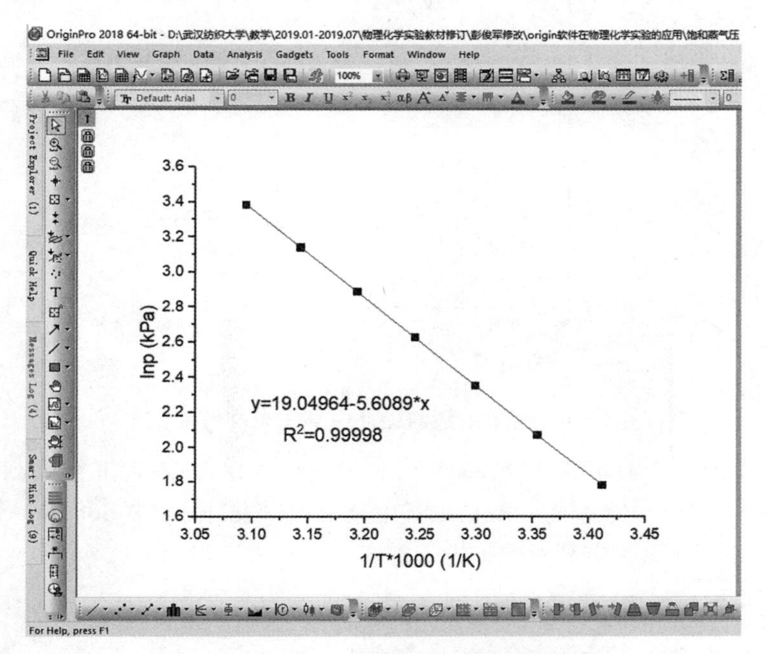

图 1-5-5　用 Origin 进行线性拟合结果

2. 用 Origin 软件绘制相图

下面我们以实验“二元液系相图的绘制”为例。

将表 1-5-1 中的数据输入 Origin 数据表中，作“苯的摩尔分数-折光率”的散点图，点击“Analysis” 选择 Fitting→Linear Fit→Open Dialog，点击“OK”按钮，即得拟合的直线，并在绘图窗口给出了拟合后的线性方程，其斜率 b、截距 a 以及相关性 R 等信息(具体操作见“饱和蒸气压数据处理”)，如图 1-5-6 所示，得到曲线拟合的方程为 $y=7.17622x-9.75602$，R^2(相关系数)＝1，表明拟合效果最佳。

表 1-5-1　苯-乙醇溶液折光率测定数据

苯的摩尔分数	折　光　率
10%	1.3734
20%	1.3873
50%	1.4290
70%	1.4570
90%	1.4850

将不同沸点测得的气-液相组成列在 Origin 软件新的 workbook 中。选中表中 E 列，点击鼠标右键选择“Set Column Values”，在文本框中输入标准曲线的拟合函数式：$y=-9.75602$

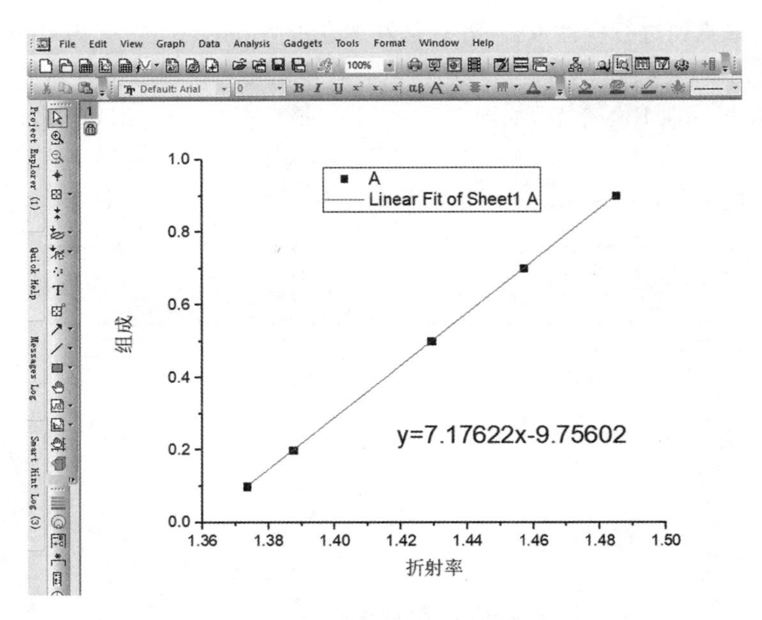

图 1-5-6　拟合线性关系的折光率与浓度的关系图

+7.17622 * (col(d)),点击"OK"按钮,即得气相的组成数据,同理将可在 C 列中得到液相的组成数据。然后,点击工作表左上角空白处选中整个工作表,再点击"Sort Worksheet"工具条的按钮。以两相中的组分为首列对数据进行排序,如图 1-5-7 所示。

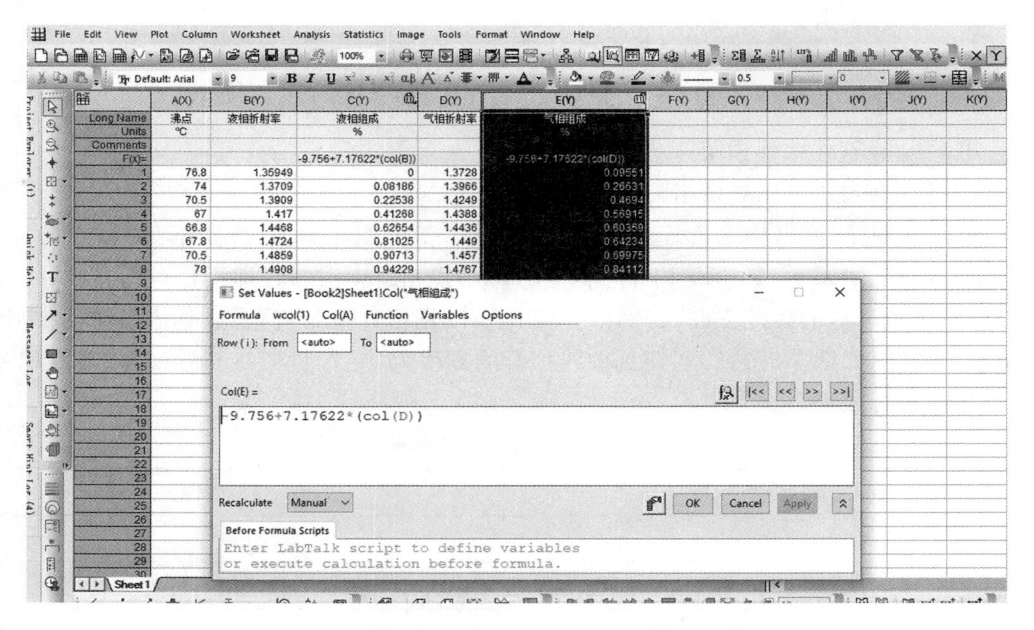

图 1-5-7　根据表 1-5-1 拟合的数学公式计算气-液相组成

将排序后的液相组成、气相组成及沸点数据重新复制到新的 workbook 中,如图 1-5-8 所示。

再采用菜单栏 Plot 中的 2D→ Multi Y→Double Y(即表示选择一个横坐标、两个纵坐标)图形。点击 Double Y 作点线图,如图 1-5-9 所示。

	A(X)	B(Y)	C(Y)
Long Name	液相组成	气相组成	沸点
Units			℃
Comments			
F(x)=			
1	0	0	77.1
2	0	0.09551	76.8
3	0.08186	0.26631	74
4	0.22538	0.4694	70.5
5	0.41268	0.56915	67
6	0.62654	0.60359	66.8
7	0.81025	0.64234	67.8
8	0.90713	0.69975	70.5
9	0.94229	0.84112	78
10	1	1	78.9

图 1-5-8　计算得到的组成与沸点的数据

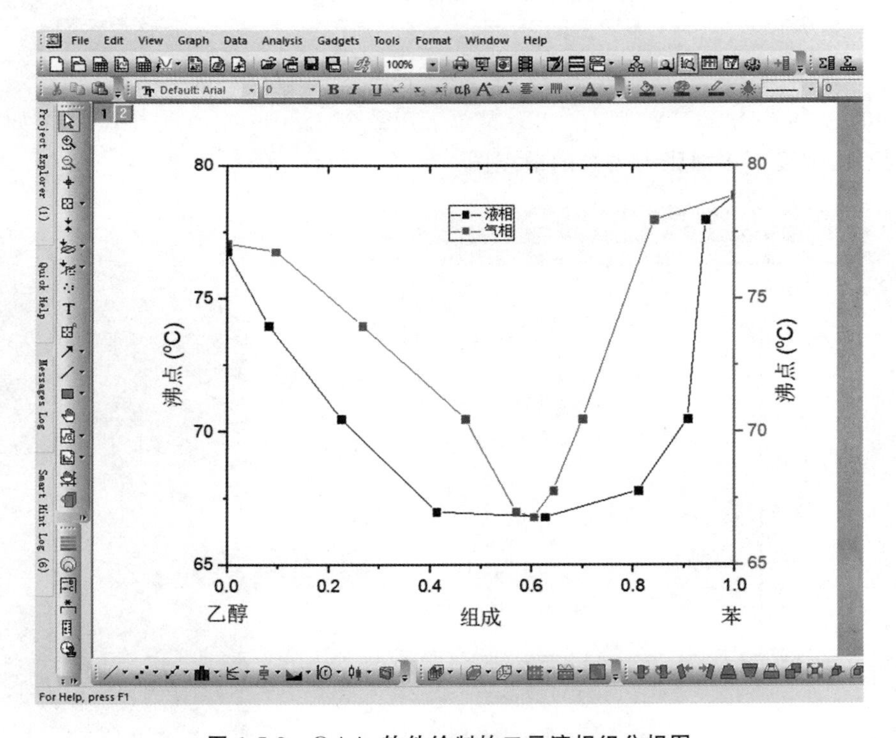

图 1-5-9　Origin 软件绘制的二元液相组分相图

3. 用 Origin 软件处理非线性数据及作图

这里，我们用液体表面张力的测定实验数据为例来说明。

(1) 启动 Origin 程序，将溶液浓度及压差原始数据输入表格的 A、B 列中，然后选中 C 列，点击右键选择“Set Column Values”，在弹出的对话框中输入计算公式，从附录中查出实验温度下水的表面张力，如 25 ℃时水的表面张力为 71.9 mN · m^{-1}，在弹出的对话框中输入计算公式“col(B) * 71.9/562”，其中 562 为水的平均压差，点击“OK”按钮完成 C 列值的设置，即得到各浓度下的表面张力，结果如图 1-5-10 所示。

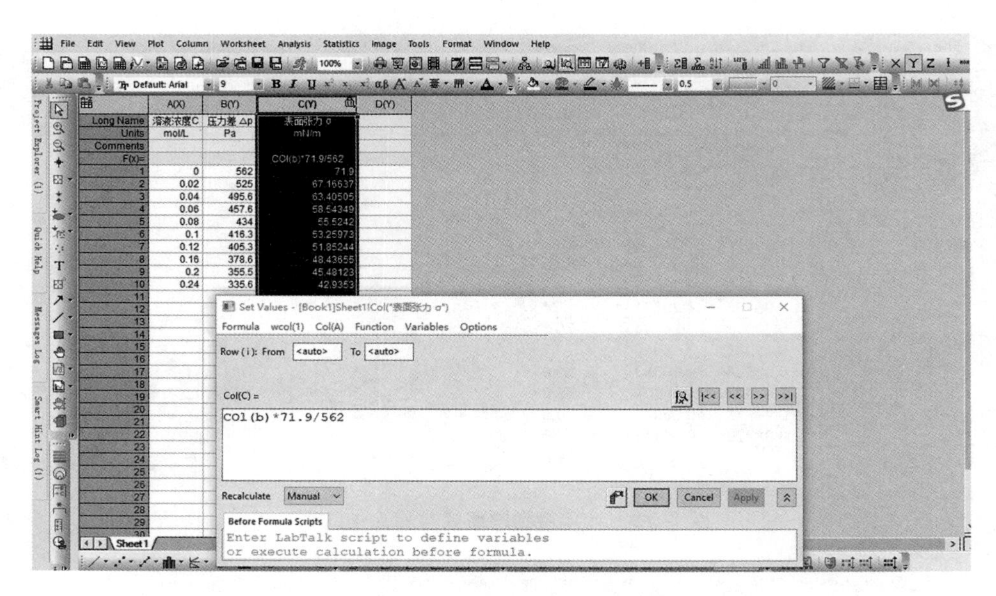

图 1-5-10　用 Origin 软件处理表面张力数据

（2）同时选定 A(X)、C(Y)列，在 Plot 菜单下用命令 Scatter 作散点数据，结果如图 1-5-11 所示，得到不同浓度下表面张力关系的散点图。

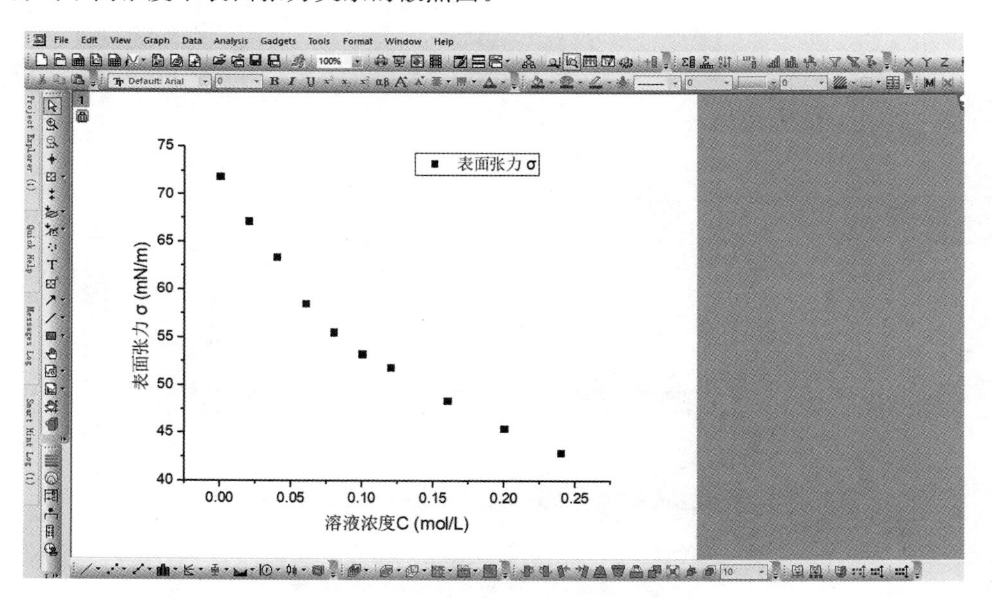

图 1-5-11　作表面张力-溶液浓度图

（3）对图 1-5-11 进行非线性拟合，在 Analysis 菜单下选择 Fitting（拟合）→Nonlinear Curve Fitt（非线性拟合）→Open Dialog，出现非线性拟合对话框（NLFit）（见图 1-5-12）。选择 New 进行公式编辑的设置。

点击 New 后出现进入“Name and Type”界面，在 name 项命名 surface tension，其他默认，点击“Next”按钮，进入参数设定界面（见图 1-5-13），在 parameter 中输入 p1，p2，p3 三个参数，点击“Next”按钮，进入公式编辑界面（见图 1-5-14），编辑 $y = p1 - p2 * \ln(1 + p3 * x)$，其中 x

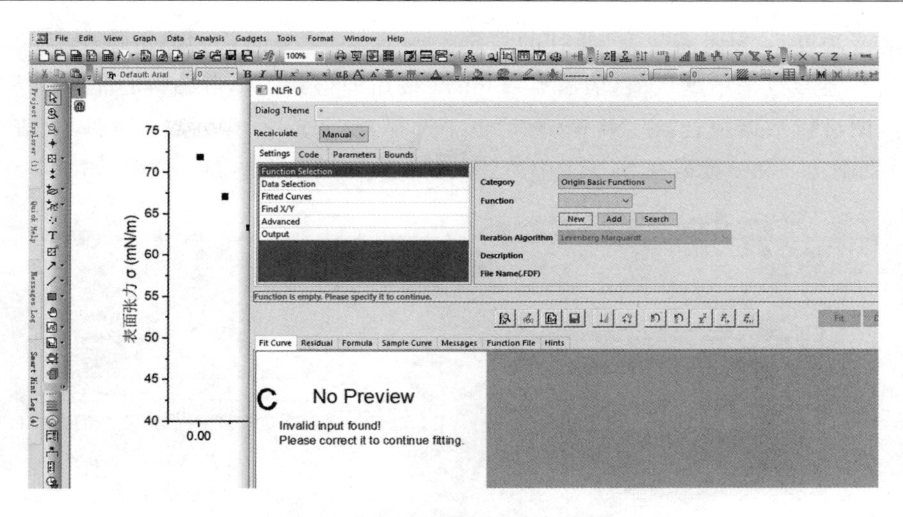

图 1-5-12　非线性拟合对话框

File Edit View Graph Data Analysis Gadgets Tools Format Window Help

NLFit ()

Fitting Function Builder - Variables and Parameters - sufaceforce

Hints

Enter names of variables, parameters, derived parameters and constants in the edit boxes. Separate multiple names using comma.

------------------- Example:

x1, x2

Derived Parameters

Derived parameters are additional parameters to be computed from the function parameter values after the fitting process ends.

Constants

Constants are fixed values that can be used either in the function expression or in parameter initialization code.

Independent Variables　x

Dependent Variables　y

Parameters　p1,p2,p3

Derived Parameters

Constants

Peak Function

Cancel　<< Back　Next >>　Finish

图 1-5-13　参数设定界面

File Edit View Graph Data Analysis Gadgets Tools Format Window Help

NLFit ()

Fitting Function Builder - Expression Function - sufaceforce

Hints

Parameters Tab

Values entered in "Initial Value" column will be used as initial parameter values when fitting.

Check the "Fixed" check box if a particular parameter should not be varied during fitting. You can control this later in the Nonlinear Fitter dialog as well.

Optionally enter "Unit" for parameters.

Function Body

The function body is limited to one line, and you need to provide only the right hand side of the equation.

------------------- Example:

Parameters　Constants

Param	Unit	Meaning	Fixed	Initial Value	Significant Digits
p1		?	☐	1	System
p2		?	☐	1	System
p3		?	☐	1	System

Function Body

y= p1-p2*ln(1+p3*x)

Quick Check

x = 1

Fit　Done　Cancel

Cancel　<< Back　Next >>　Finish

图 1-5-14　公式编辑界面

为正丁醇溶液浓度，y 为表面张力（此处的自定义函数，参照表面张力与浓度关系的希什科夫斯基公式），其他参数采用默认值，最后点“Finish”按钮即得到一个自编辑的非线性方程。

对散点图进行数据拟合：在 NLFit 对话框中选择 Data Selection（数据选择）列表项。展开 Range1，分别确定 σ 和 c 数据在 Sheet1 中所处列的位置以及数据的起止范围，如图 1-5-15 所示。

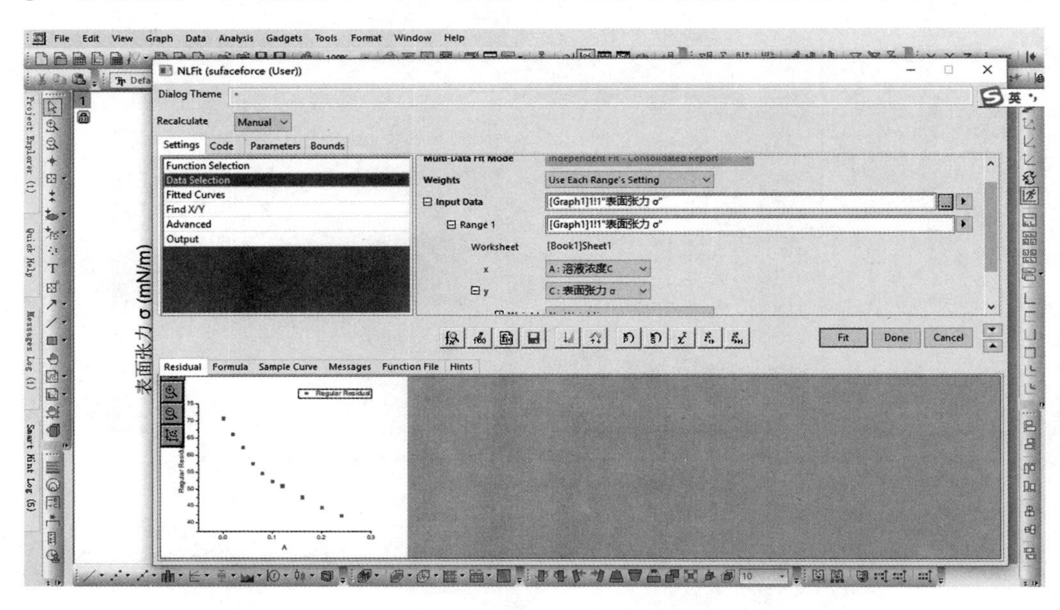

图 1-5-15　对散点图进行数据拟合

再点击“Fit”进行数据拟合，拟合后在散点图上出现拟合曲线，并给出拟合计算的 p1、p2、p3 的最优值，如图 1-5-16 所示。p1 值对应 σ_0，即实验温度下水的表面张力，将 p1 与 σ_0 的理论值进行比较，检验拟合的准确性。Adj. R-Square（相关系数 R^2）指示了拟合结果的可靠性。把 p1，p2，p3，R^2 记录在实验报告上。右键点击页面空白处，选择“copy page”命令，将该图粘贴在 Word 内。

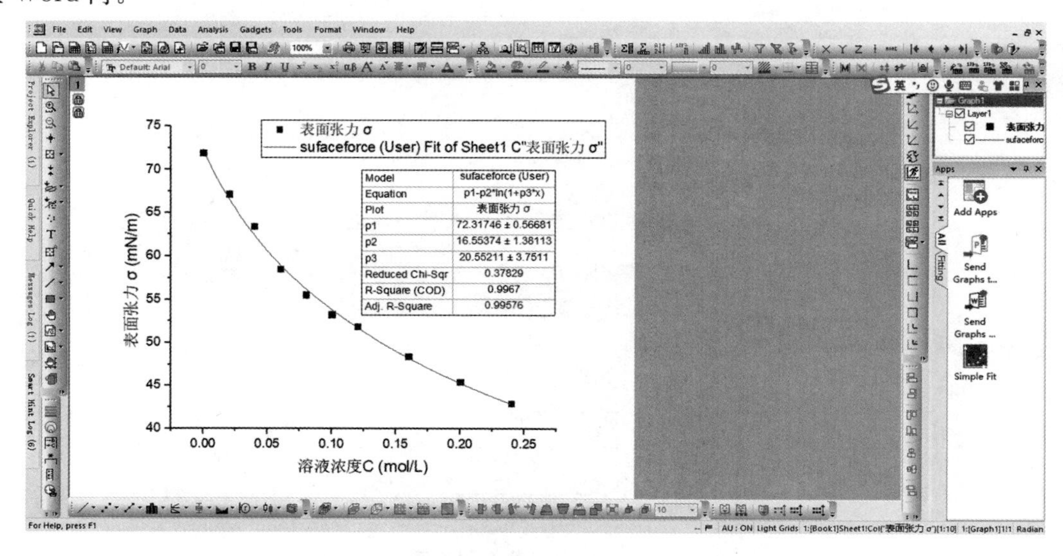

图 1-5-16　由拟合曲线得出 p1、p2、p3 的最优值

1.6　实验报告的书写规范与成绩评定

撰写实验报告是总结实验、加深对实验内容的认识、培养学生分析问题和解决问题的能力，为今后进行科学研究，以及撰写论文和研究报告打下基础。因此，规范书写物理化学实验报告是物理化学实验的重要环节。

实验报告书写的具体格式如下：

实验名称：________________

实验时间：__________年_____月_____日

姓　　名：________　组　员：________

班　　级：________　学　号：________

第一部分　预习报告

一、实验目的

二、实验原理

（要求：实验依据的基本原理、公式、实验方法及装置图等，不能将讲义内容全部誊写，需要进行必要的概括总结。）

三、仪器和试剂

四、实验方案

（要求：将实验步骤用流程图或示意图形式表示出来，文字表达用简洁语言说明。）

举例如下：

1. 实验前准备工作

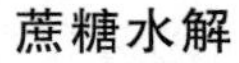

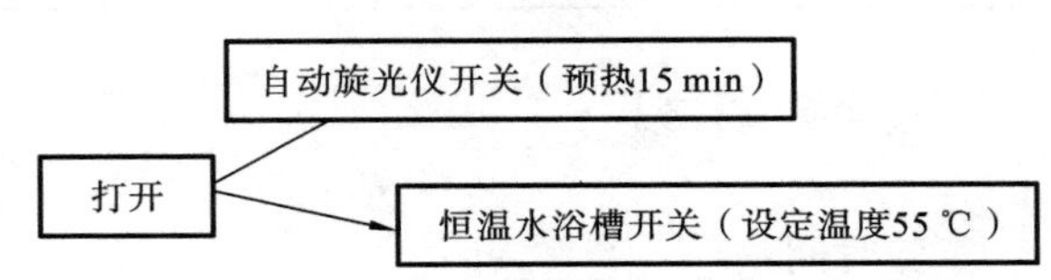

2. 仪器零点校正

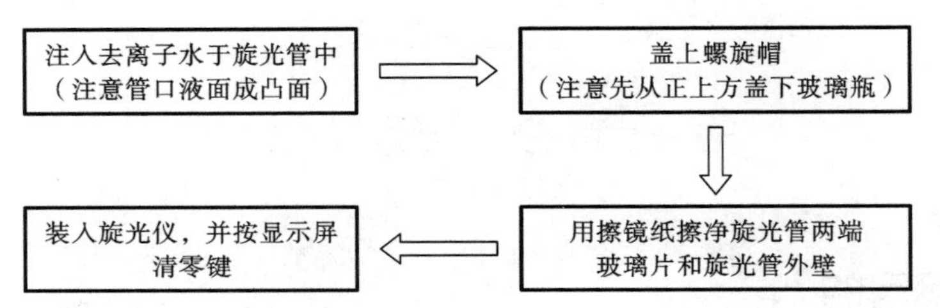

3. 蔗糖水解测定

（1）蔗糖溶液的制备：

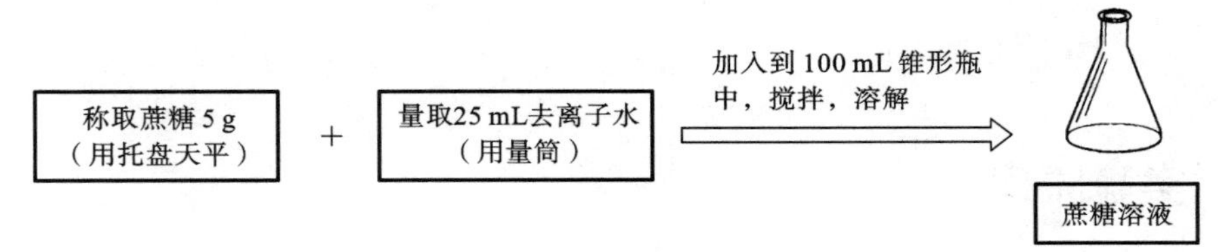

（2）α 的测量：

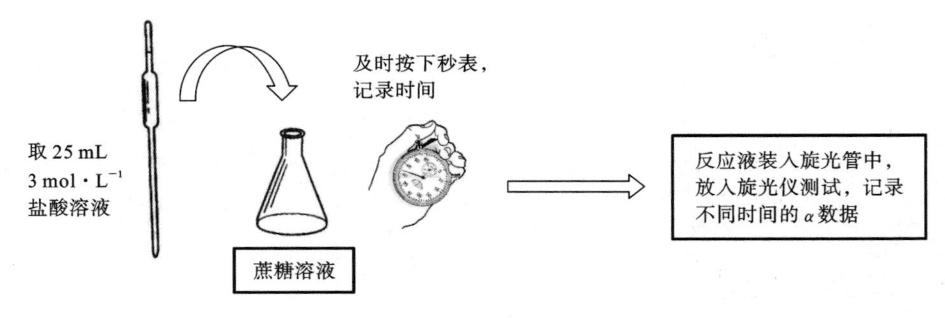

（3）α_∞ 的测量：

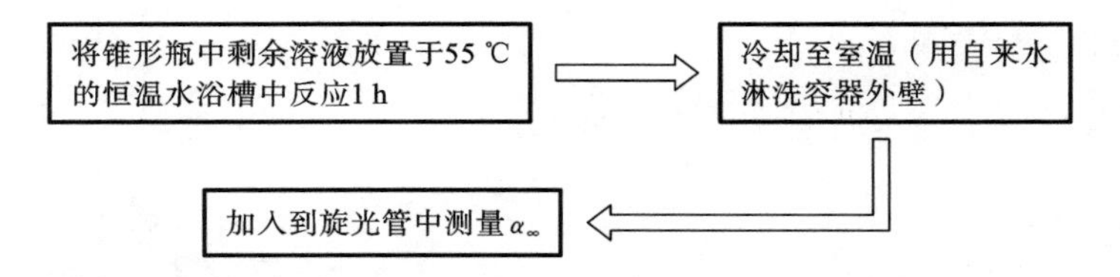

五、数据记录表

（要求：把需要记录数据的表格画在此处，实验过程中如实记录实验数据或实验现象。）

第二部分　实 验 报 告

六、总结与分析

1. 实验步骤

（要求：实验结束后，将实验操作的实际过程及内容详细地逐条书写。对于实验具体内容，如所测物质质量、温度、时间、溶液浓度等，需要详细记录。）

2. 数据处理与分析

（要求：将实验数据进行计算或作图处理的内容书写下来。此部分是实验报告考核的核心内容。数据处理需要按 1.4 节、1.5 节内容来进行，建议用计算机作图。对作图后的结果要进行分析，或做计算处理。所得结论应与文献值进行比较，求出测量相对误差。讨论结果的可靠性，分析实验误差产生的原因。）

七、讨论与思考

（要求：主要提出实验改进方法，讨论实验的注意事项与思考题的解答。）

实验成绩的评定是教师评价学生掌握实验能力的重要内容,合理评价学生在实验课程中的成绩是需要进行多元评定。这里,我们通过线上数字资源预习、线下实验和考试等形式相结合,形成如下综合评定表。

物理化学实验成绩评分表

线上预习 20%		平时成绩 60%				期末成绩 20%
线上预习测试题	线上视频学习	课堂提问	预习报告	实验操作	实验报告	实验考试
按要求完成线上测试题。满分100分	按要求完成线上预习视频,满分100分	提问加分制。能够准确回答老师课堂提出的问题,可用★标记次数。获三次★,总评可加5分	按预习实验报告要求完成,按A、B、C、D、E五个档次打分	按A、B、C、D、E五个档次打分。按降档次计分,每位同学初始都记为A档。实验过程存在操作错误或导致实验结果误差很大,进行依次降档计分	按实验报告要求完成,按A、B、C、D、E五个档次计分	抽签完成实验项目,要求在规定时间完成实验、数据处理和实验报告书写。满分100分

(注:A档为90分;B档为80分;C档为70分;D档为60分;E档为50分。如需要细分,可用标识+或-进行5分差异化计分,如A+可表示95分,B-表示75分。)

第 2 章　基 础 实 验

实验 2-1　恒温槽的使用与液体黏度的测定

一、实验目的

(1) 认识恒温槽的构造，学会恒温槽的使用方法。

(2) 掌握黏度计的测量原理与使用方法。

(3) 应用黏度计测量乙醇的黏度。

二、实验原理

1. 恒温槽的主要构件及工作原理

恒温槽是实验过程中常用的一种以液体为介质的恒温装置。它主要是依靠恒温控制器来控制热平衡。当恒温槽对外散热而使液体温度降低时，恒温控制器就控制加热器通电加热，待加热到所需温度时，又控制加热器停止工作，以达到恒温的目的。所以，恒温槽只能在控制温度比室温高的条件下使用。例如室温 30 ℃时，用普通恒温槽要控制温度为 25 ℃就做不到。液体作为介质的优点是热容量大和导热性好，从而使温度控制的稳定性和灵敏度大为提高。

根据温度控制范围，可采用如下方案选择液体介质：

(1) 0～90 ℃，用水；

(2) －60～30 ℃，用乙醇或乙醇水溶液；

(3) 80～160 ℃，用甘油或甘油水溶液；

(4) 70～300 ℃，用液体石蜡、气缸润滑油和硅油。

恒温槽是由浴槽、搅拌器、加热器、温度计、感温元件、恒温控制器和继电器等部件组成(见图 2-1-1)，主要部件的作用如下。

(1) 浴槽：通常采用玻璃槽以利于观察，其容量和形状视需要而定。物理化学实验一般采用 10 L 的圆形玻璃缸作为浴槽，常用自来水作为介质。

(2) 加热器：当要求恒温的温度高于室温时，则需不断向槽中供给热量以补偿其向四周散失的热量；通常采用电加热器间歇加热来实现恒温控制。选择加热器的功率时，最好能使加热器加热和停止工作的时间约各占一半。

(3) 恒温控制器：常用的智能数字恒温控制器把温度测量与显示、温度控制器集成于一体，采用数字集成电路及数字显示技术，操作方便。

(4) 搅拌器：加强对液体介质的搅拌，对保证恒温槽温度均匀起着非常重要的作用。

恒温槽的具体操作方法详见“第 4 章实验测量仪器”部分。

2. 液体黏度测定的基本原理

液体的黏度大小一般用黏度系数(η)表示。本实验采用毛细管法测定黏度，通过测定一定体积的液体流经一定长度和半径的毛细管所需时间而获得。所使用的乌氏黏度计如图 2-1-2 所示，当液体在重力作用下流经毛细管时，其流动遵守泊肃叶(Poiseuille)定律：

$$\eta=\frac{\pi r^4 \cdot pt}{8VL} \tag{2-1-1}$$

式中：η 为黏度系数，在 C. G. S. 制中黏度的单位为泊(达因·秒·厘米$^{-2}$)，在国际单位制(SI 制)中，黏度单位为帕·秒(Pa·s)，1 泊＝0.1 帕·秒；V 为在时间 t 内流经毛细管的液体体积；p 为管两端的压力差；r 为毛细管的半径；L 为毛细管的长度。

图 2-1-1　恒温槽装置示意图

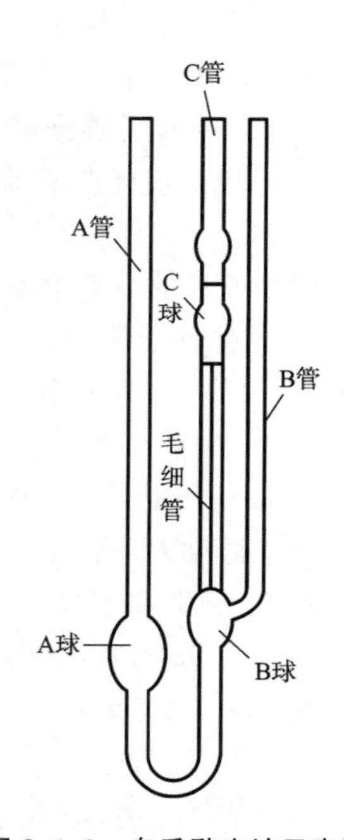

图 2-1-2　乌氏黏度计示意图

按式(2-1-1)由实验直接来测定液体的绝对黏度是很困难的，但测定液体对标准液体(如水)的相对黏度是简单实用的。在已知标准液体的绝对黏度时，即可算出被测液体的绝对黏度。设两种液体在本身重力作用下分别流经同一毛细管，且流出的体积相等，则

$$\eta_1=\frac{\pi r^4 \cdot p_1 t_1}{8VL} \tag{2-1-2}$$

$$\eta_2=\frac{\pi r^4 \cdot p_2 t_2}{8VL} \tag{2-1-3}$$

$$\frac{\eta_1}{\eta_2}=\frac{p_1 t_1}{p_2 t_2} \tag{2-1-4}$$

式中：$p_i=\rho_i gh(i=1,2)$，h 为推动液体流动的液位差，$\rho_i(i=1,2)$为液体密度；g 为重力加速度。

如果每次取用试样体积相同，则可保持 h 在实验中情况相同，因此可得

$$\frac{\eta_1}{\eta_2}=\frac{\rho_1 t_1}{\rho_2 t_2} \tag{2-1-5}$$

若已知标准液体的黏度和密度，则可得到被测液体的黏度。本实验是以纯水为标准溶液，采用乌氏黏度计测定指定温度下乙醇的黏度。

三、仪器与试剂

恒温槽 1 套，乌氏黏度计 1 支，移液管（10 mL）1 支，洗耳球 1 个，橡皮管 2 根，夹子 2 个。

乙醇，纯水。

四、实验内容

（1）将乌氏黏度计用洗液及纯水洗干净，然后烘干备用。

（2）调节恒温槽至 25.0 ℃±0.1 ℃。

（3）将乌氏黏度计连同其固定架放置在恒温槽中，使水面完全浸没 C 球，通过调节固定架上的旋钮将乌氏黏度计调节垂直。用移液管移取 10 mL 乙醇由 A 管注入乌氏黏度计中，恒温 5～10 min。

（4）在黏度计的 B 管和 C 管上都套上橡皮管，并用夹子夹紧 B 管上的橡皮管。用洗耳球从 C 管吸起液体使液体超过上刻度，并用夹子夹紧 C 管上的橡皮管。然后同时取下两个橡皮管上的夹子。平视观察 C 管中毛细管以上的液体下落，当液面流经上刻度时，立即按下计时按钮开始计时，当液面降至下刻度时，再按下秒表，测得液体从上刻度降至下刻度所需的时间。再吸取液体重复测定至少 3 次，每次相差不大于 0.3 s，取 3 次测量平均值为 t_2。

（5）将乙醇倒入回收瓶中，待黏度计干燥后，用纯水代替乙醇重复上述操作。实验完毕后，用纯水将黏度计洗干净。

（6）查表得 25 ℃时水和乙醇的密度分别为 0.99708 $g \cdot cm^{-3}$ 和 0.78522 $g \cdot cm^{-3}$，25 ℃时水的黏度为 0.8903 mPa · s，计算 25 ℃时乙醇的黏度。

五、数据记录与处理

（1）将所测的实验数据填入下表中：

恒温温度：______ ℃。

实验温度下，水的密度：____________；乙醇密度：____________。

液体黏度测定

液体名称	水		乙醇	
流经毛细管时间/s	1		1	
	2		2	
	3		3	
平均值/s				
黏度/(mPa · s) (____ ℃)				

* 例如，写成 25.0 ℃±0.1 ℃

(2) 利用公式求出乙醇的黏度并将计算结果填入上表中,计算乙醇黏度的相对误差。

六、思考题

(1) 恒温槽的主要元件有哪些?它们的作用如何?
(2) 如何选择恒温槽中的加热介质?
(3) 使用乌氏黏度计时是否需要保持标准溶液与待测液体体积相同?为什么?

实验 2-2　液体饱和蒸气压的测定

一、实验目的

(1) 掌握纯液体饱和蒸气压与温度之间的关系式。

(2) 测定乙醇在不同温度下的饱和蒸气压,并计算在实验温度范围内的平均摩尔蒸发焓。

二、实验原理

纯液体的饱和蒸气压是指在一定温度下该液体与其气相达到平衡时的压力。液体中能量较高的分子不断从液体表面逸出变为蒸气,同时也有蒸气分子回到液体中,当单位时间内逸出液面的分子数与回到液体中的分子数相等时即达到动态平衡,此时的蒸气压就是该液体在此温度下的饱和蒸气压。当液体温度升高时,分子的动能增加,因而有更多的分子逸出液面,所以蒸气压也增加。若温度继续增加,液体蒸气压增大到与外界压力相等时,则液体开始沸腾,该时刻温度为液体的沸点。若外压为 101.325 kPa,则此时的沸点称为正常沸点。

液体的饱和蒸气压与温度的关系可用克拉佩龙方程表示:

$$\frac{\mathrm{d}p}{\mathrm{d}T}=\frac{\Delta_{\mathrm{vap}}H_{\mathrm{m}}}{T\cdot\Delta V} \tag{2-2-1}$$

设蒸气为理想气体,在实验温度范围内摩尔蒸发焓 $\Delta_{\mathrm{vap}}H_{\mathrm{m}}$ 为常数,并忽略液体的摩尔体积,可将上式积分得克劳修斯-克拉佩龙方程式:

$$\ln p=\frac{-\Delta_{\mathrm{vap}}H_{\mathrm{m}}}{R}\cdot\frac{1}{T}+C \tag{2-2-2}$$

式中:p 为液体在温度 T 时的饱和蒸气压,C 为积分常数。

实验测得各温度下的饱和蒸气压后,以 $\ln p$ 对 $\frac{1}{T}$ 作图,得一直线,直线的斜率 $m=\frac{-\Delta_{\mathrm{vap}}H_{\mathrm{m}}}{R}$,由此即可求得摩尔蒸发焓 $\Delta_{\mathrm{vap}}H_{\mathrm{m}}$。

测定液体的饱和蒸气压的方法有以下三种。

(1) 静态法:将被测液体放在一密闭容器中,在不同的恒定温度下直接测量其平衡的气相压力,此法适用于蒸气压比较大的液体。

(2) 动态法:采用拉姆齐-杨格装置在不同恒定外压下测定其沸点,从而测定饱和蒸气压,该法适用范围较宽。

(3) 饱和气流法:将一定流量的惰性气体通入盛有液体样品的恒温饱和器中,测定混合气体的压强和组成,则可由分压定律算出此被测物质的饱和蒸气压。

本实验采用静态法,测定不同温度下纯液体的饱和蒸气压,实验装置如图 2-2-1 所示。等压计小球中盛被测样品,U 形管部分以样品本身作封闭液。在一定温度下,若小球液面上仅有被测物质的蒸气,那么在 U 形管右支液面上的压力就是其蒸气压。当这个压力与 U 形管左支液面上的空气的压力相平衡时,就可从与等压计相连的精密数字压力计读出此温度下的饱和蒸气压。测定时，先将 a 与 b 之间的空气抽净，然后从 c 管的上方缓慢放入空气，使等压计 b、c 两端的液面平齐且不再发生变化时，则 a、b 之间的蒸气压即为此温度下被测液体的饱和蒸气压（因为此饱和蒸气压与 c 管上方的压力相等，而 c 管上方的压力可由压力计直接读出）。

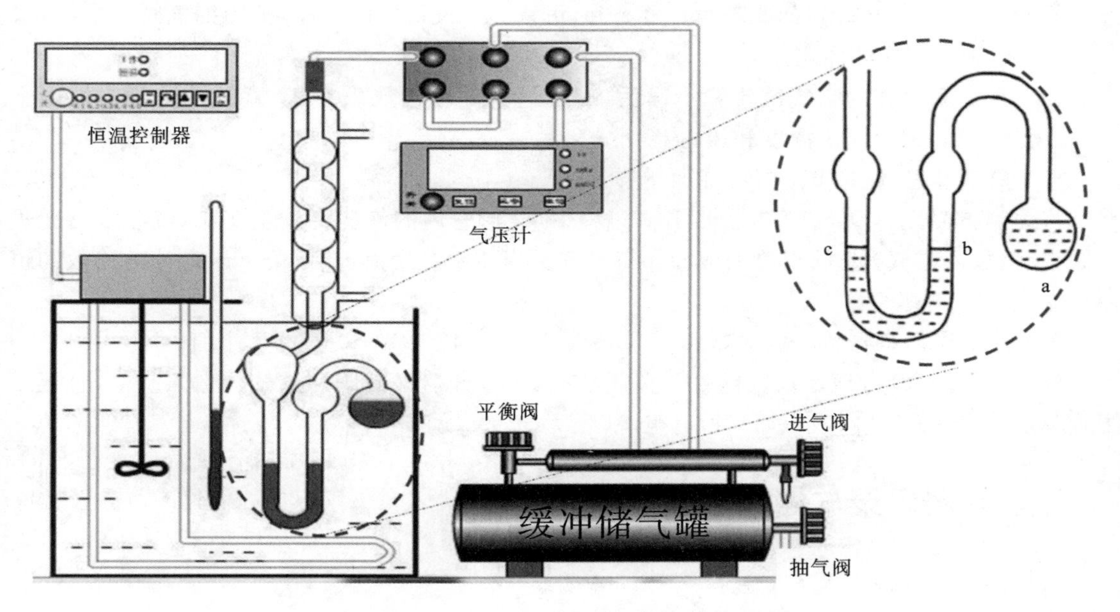

图 2-2-1　测定饱和蒸气压实验装置示意图

三、仪器与试剂

饱和蒸气压实验装置 1 套，数显恒温槽 1 套，精密数字压力计 1 台，缓冲储气罐 1 套，真空泵及附件等。

纯水，无水乙醇（A. R.）。

四、实验内容

（1）装置仪器。

将待测液体（乙醇）装入等压计，a 球中约装入 2/3 体积的液体，b 管和 c 管中保持一定的液体，然后按图 2-2-1 连接各部分，再打开冷凝水，最后打开恒温槽，设置水浴温度，控制乙醇温度。

（2）数字压力计零点校正。

平衡阀和进气阀都处于打开的状态下，整个装置与大气是相通的，按下数字压力计的采零按钮（只操作 1 次）。

（3）检查系统气密性。

关闭进气阀，打开平衡阀和抽气阀，打开真空泵，抽气减压至压力计示数约为 −70 kPa 时，关闭抽气阀，使系统处于封闭状态。观察压力计的示数，压力变化不得大于 0.6 kPa · min^{-1}。如果符合要求，再关紧平衡阀，观察部分装置的气密性，压力变化也不大于 0.6 kPa ·

min^{-1}。否则应逐段检查，找出漏气原因，确保系统气密性。

(4) 排除 a、b 之间弯管空间内的空气。

如果装置气密性良好，就再次打开抽气阀和平衡阀，抽气提高真空度至 U 形管中的气泡连续不断地从 c 管中逸出，如此沸腾1～2 min，可认为空气被排除干净，关闭抽气阀和平衡阀。

(5) 饱和蒸气压的测定。

当 a，b 之间存在的空气被排除干净后，旋转进气阀缓慢放入空气，直至 b、c 管中液面平齐，关闭进气阀，记录恒定温度和压力。

(6) 升温过程，保持 b、c 管中液面平齐。

将恒温槽温度升高 5 ℃，在温度升高过程中，U 形管内的液柱将发生变化，应经常旋转进气阀，缓慢放入空气，使 U 形管的液面保持平齐。当体系温度恒定后，记下压力计的读数和恒温槽温度。

(7) 重复操作步骤(6)，依次测 30 ℃、35 ℃、40 ℃、45 ℃和 50 ℃的 5 个值。

(8) 实验结束后，确定抽气阀处于关闭状态，缓慢开启平衡阀和进气阀引入空气，直至压力计显示为 0。关闭冷却水，切断所有电源。

五、数据记录与处理

将所测的实验数据填入下表：

室温：______ ℃；大气压值：______ kPa。

温度			压差计示数 Δp/kPa	饱和蒸气压 p^*/kPa	$\ln p^*$/kPa
t/ ℃	T/K	$\frac{1}{T}\times 1000/\mathrm{K}^{-1}$			

(1) 用列表法处理实验数据，注意压差计读数为负值。

$$饱和蒸气压\ p^* = 大气压读数 + 压差计读数\ \Delta p$$

(2) 根据实验数据作 $\ln p^*$-$\frac{1}{T}$图，求出直线的斜率。

(3) 由斜率计算乙醇在实验温度范围内的平均摩尔蒸发焓 $\Delta_{vap}H_m$。

(4) 利用所得方程估算乙醇的正常沸点，并求出实验相对测定误差。

六、思考题

(1) 克劳修斯-克拉佩龙方程在什么条件下适用？

(2) 为什么等压计 U 形管内的空气要排干净？怎样操作？如在操作中发生空气倒灌，应如何处理？

(3) 等压计 U 形管中的液体起什么作用？冷凝器起什么作用？为什么可用液体作 U 形管封闭液？

(4) 升温过程中如液体急剧汽化，应如何处理？

实验 2-3 燃烧热的测定

一、实验目的

(1) 明确燃烧热的定义，了解等压燃烧热与等容燃烧热的差别。

(2) 掌握氧弹式量热计的原理、构造及其使用方法。

(3) 用氧弹式量热计测定蔗糖的燃烧热。

二、实验原理

物质的燃烧热是指 1 mol 物质在指定温度下完全燃烧时所释放的热量。所谓完全燃烧，对燃烧产物有明确的规定。例如，化合物中的 C、H、N、S 等燃烧后分别生成 $CO_2(g)$、$H_2O(l)$、$N_2(g)$和 $SO_2(g)$等。在定容条件下测得的燃烧热称为恒容燃烧热(Q_V)。例如：在 25 ℃、1.01325×10^5 Pa 下苯甲酸的燃烧热为$-3226.9\ \text{kJ}\cdot\text{mol}^{-1}$，反应方程式为

$$C_6H_5COOH(s)+7\frac{1}{2}O_2(g)\xrightarrow[25\ ℃]{1.01325\times10^5\ \text{Pa}}7CO_2(g)+3H_2O(l)$$

$$\Delta_c H_m^{\ominus}=-3226.9\ \text{kJ}\cdot\text{mol}^{-1} \tag{2-3-1}$$

对于有机化合物，通常利用燃烧热的基本数据计算反应热。燃烧热可在恒容或恒压条件下测定，由热力学第一定律可知：在不做非膨胀功的情况下，恒容燃烧热 $Q_V=\Delta U$(内能的变化)，恒压燃烧热 $Q_p=\Delta H$。在体积恒定的氧弹式量热计中测得的燃烧热为 Q_V，而通常从手册上查得的数据为 Q_p，这两者可按下列公式进行换算：

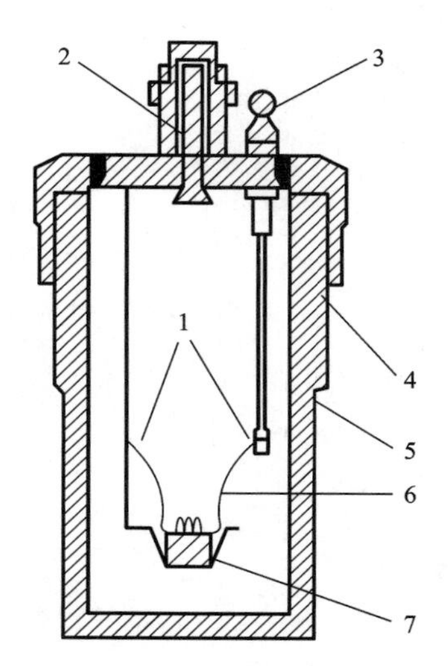

图 2-3-1 氧弹量热计构造图

1. 电热丝连接点；2. 进排气管道；3. 电极接线柱；4. 弹盖；5. 弹体；6. 电热丝；7. 样品池

$$Q_p=Q_V+RT\Delta n(g) \tag{2-3-2}$$

式中：$\Delta n(g)$——反应前后生成物和反应物中气体物质量之差；

R——气体常数；

T——反应温度，用热力学温度表示。

测量反应热的仪器称为量热计。量热计的操作方法见“第 4 章实验测量仪器”中的详细介绍。量热计的种类很多，本实验采用氧弹式量热计，它的基本原理是依据能量守恒定律。氧弹式量热计是一种定容、环境恒温而自身有温度变化的量热计。氧弹量热计(见图 2-3-1)是仪器的重要部件，它是由不锈钢制成的厚壁圆筒容器。为保证样品完全燃烧，氧弹中需充入高压氧气，因此要求氧弹密封性好、耐高压、耐腐蚀。样品完全燃烧所释放的能量使得氧弹本身及其周围的介质以及与量热计有关的附件温度升高。因此，测量介质在燃烧前后温度的变化值，就可以算出该样品的恒容燃烧热 Q_V。根据热平衡原理，则有

$$Q_V\cdot W_{样品}+Q_{电热丝}\cdot W_{电热丝}=(W_{水}\cdot C_{水}+C_{总})\Delta t \tag{2-3-3}$$

式中：Q_V——被测物质的恒容燃烧热，$J \cdot g^{-1}$；

$W_{样品}$——被测物质的质量，g；

$Q_{电热丝}$——电热丝的燃烧热，$J \cdot g^{-1}$（铁丝的为$-6694\ J \cdot g^{-1}$）；

$W_{电热丝}$——已烧掉的电热丝的质量，g；

$W_水$——水桶中水的质量，g；

$C_水$——水的比热容，$J \cdot g^{-1} \cdot K^{-1}$；

$C_总$——氧弹、水桶等的总热容，$J \cdot K^{-1}$；

Δt——与环境无热交换时的真实温差，$\Delta t = T_2 - T_1$。

如在实验时保持水桶中水量一定，把公式(2-3-3)右端常数合并得到下式：

$$Q_V \cdot W_{样品} + Q_{电热丝} \cdot W_{电热丝} = K_总 \cdot \Delta t \tag{2-3-4}$$

式中：$K_总 = W_水 \cdot C_水 + C_总$，称为量热计的总热容（单位为 $J \cdot K^{-1}$），其值可通过已知燃烧热的标准物质来测定。

三、仪器与试剂

HWR-15E 型智能快速量热计 1 套，压片机 1 台，分析天平 1 台，电热丝（铁丝），氧气钢瓶（配有氧气减压阀），1000 mL 量筒，直尺 1 把，剪刀 1 把。

苯甲酸（A. R.），蔗糖（A. R.）。

四、实验内容

1．苯甲酸标定量热计总热容（$K_总$）

(1) 仪器预热：将 HWR-15E 型智能快速量热计通电预热 15 min。

(2) 样品压片：用台秤称取大约 1.0 g 苯甲酸，在压片机上压成圆片（压片机的使用方法参见“第 4 章实验测量仪器”）。将苯甲酸圆片在桌面上轻击二三次除去黏附的粉末，再用分析天平精确称取其质量（精确到小数点后四位）。

(3) 装样品：用手拧开氧弹盖，将盖放在专用架上，再将样品放入坩埚中。剪取约 10 cm 电热丝，将电热丝两端分别扣在氧弹内的两个电极上，电热丝不要碰到坩埚，以免短路导致点火失败。

(4) 氧弹充氧：盖好并用手拧紧氧弹盖，接上氧气导管，导气管的另一端与氧气钢瓶上的氧气减压阀连接。打开钢瓶上的阀门和减压阀缓缓进气，当气压达到 2.5 MPa 时，约 15 s 后，关好钢瓶阀门及减压阀，拧下氧弹上导气管的螺钉。钢瓶的使用方法见“第 4 章实验测量仪器”。

(5) 调节水温：用 1000 mL 的量筒量取 2000 mL 自来水，加入量热计内桶中，测其温度，并调节水温使其低于外筒水温 1 ℃左右。把装好苯甲酸的氧弹放在内桶支架上，使水面刚好浸没过氧弹，盖上盖子（搅拌器不要与弹头相碰）。如氧弹有气泡逸出，说明氧弹漏气，寻找原因并排除。

(6) 点火：关上仪器盖。按任意键（“复位”“打印”“确认”键除外）显示输入菜单，把光标移向测热容量一边，按“确认”键，输入苯甲酸的质量和热值，如有附加热就输入，没有就不输入。按“确认”键，开始自动测量，结束后，打印机自动打印结果，按“返回键”，取出氧弹，放气，清洗，擦干。注意显示屏上温度的变化，开始是每隔 30 s 记录一次，直到连续几分钟水温基本不变；当温度明显升高时，说明点火成功；继续每 30 s 记录一次，当温度升至最高点后，再记录几分钟会自动停止实验，得到量热计的总热容量。

2. 蔗糖燃烧热(Q_V)的测定

(1) 在天平上称约 0.7 g 蔗糖进行压片，再在分析天平上准确称量。重复以上(2)～(6)的步骤。注意量热计内筒中的水必须更换。

(2) 显示输入菜单，把光标移向测热值一边，按“确认”键，输入蔗糖样品质量及上述所测的总热容量，如有附加热就输入，没有就不输入。按“确认”键，开始自动测量，结束后，打印机自动打印结果，按“复位”键，取出氧弹，放气，清洗，擦干。

注意：若在测试中发现有异常情况，请按“复位”键，即自动停止工作，把氧弹取出重新装样品，然后再进行测试。

五、数据记录与处理

(仪器自动采集数据)

(1) 将实验数据记录在如下表中。

	m(电热丝)/g	m(剩余电热丝)/g	m(消耗电热丝)/g	m(样品)/g	总热容 $K_{总}$/($J \cdot K^{-1}$)	恒容燃烧热 Q_V/($kJ \cdot g^{-1}$)
苯甲酸标定总热容实验						—
蔗糖燃烧热的测定实验					—	

(2) 写出蔗糖燃烧过程的反应方程式，由蔗糖的恒容燃烧热 Q_V 计算恒压燃烧热 Q_p，并求出标准摩尔燃烧热 $\Delta_c H_m^{\ominus}$。

(3) 将蔗糖的燃烧热值与文献值比较，求出误差，分析误差产生的原因。

注：本实验数据处理也可以采用人工绘图方式得出恒容燃烧热 Q_V，见附表。

六、思考题

(1) 在使用氧气瓶及氧气减压阀时，应注意哪些规则？

(2) 本实验中压片应注意哪些要求？

(3) 为什么要测定真实温差？如何测定真实温差？

附表：采集数据绘图方法

读数序号（每半分钟）	温度读数	读数序号（每半分钟）	温度读数	读数序号（每半分钟）	温度读数
0		点火		21	
1		11		22	
2		12		23	
3		13		24	
4		14		25	
5		15		26	
6		16		27	
7		17		28	
8		18		29	
9		19		30	
10		20		31	

（1）绘制苯甲酸的雷诺温度校正图，由 Δt 计算量热计的总热容 $K_{总}$ 值。

（2）绘制蔗糖燃烧的雷诺温度校正图，计算蔗糖的恒容燃烧热 Q_V 和恒压燃烧热 Q_p。

雷诺温度校正法：实际上，氧弹量热计不是严格的绝热系统，加之由于传热速度的限制，燃烧后由最低温度达最高温度需一定的时间，在这段时间里系统与环境难免发生热交换，因而从温度计上读出的温差就不是真实的温差 Δt。为此，必须对读出的温差进行校正。

根据实验过程中的测量数据，作温度-时间曲线（见图 2-3-2）。图 2-3-2 中 b 点相当于燃烧开始时出现升温点，温度为 T_1，c 点为读数中的最高温度点（T_2），在 $T=(T_1+T_2)/2$ 处作平行于横轴的直线交曲线于 O 点，过 O 点作垂直于横轴的直线 AB，然后分别作 b、c 两点的切线，分别交 AB 于 E、F，E、F 两点所表示温度差即为苯甲酸燃烧所引起的温度升高值，用同样处理方法可求蔗糖燃烧的时间 Δt。

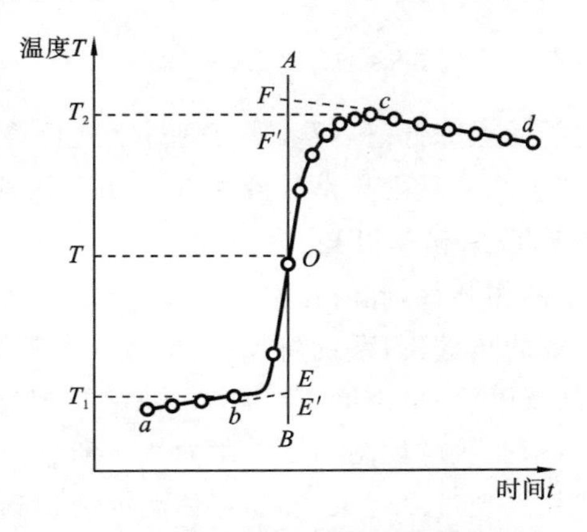

图 2-3-2　实验过程中的温度-时间图

实验 2-4　凝固点降低法测物质摩尔质量

一、实验目的

(1) 熟悉溶液凝固点测定技术。

(2) 掌握凝固点降低法测定溶质摩尔质量的基本原理。

(3) 用凝固点降低法测定尿素的摩尔质量。

(4) 通过实验加深对稀溶液依数性的理解。

二、实验原理

在一定的大气压力下，当溶剂与溶质不形成固态溶液时，固态纯溶剂与液态溶液平衡共存时的温度称为该溶液的凝固点。凝固点降低是稀溶液依数性的一种形式。当稀溶液凝固析出纯固体溶剂时，则溶液的凝固点低于纯溶剂的凝固点，其降低值与溶液的质量摩尔浓度成正比，即

$$\Delta T_{\mathrm{f}}=T_{\mathrm{f}}^{*}-T_{\mathrm{f}}=K_{\mathrm{f}}b_{\mathrm{B}} \qquad (2\text{-}4\text{-}1)$$

式中：T_{f}^{*} 为纯溶剂的凝固点，T_{f} 为溶液的凝固点，b_{B} 为溶液中溶质 B 的质量摩尔浓度，K_{f} 为凝固点降低系数，其数值仅与溶剂的性质有关，单位为 $\mathrm{K \cdot kg \cdot mol^{-1}}$，常用溶剂的 K_{f} 值可查表。

由式(2-4-1)可知，若称取一定质量的溶剂 A(m_{A})和溶质 B(m_{B})，配成稀溶液，则此溶液的质量摩尔浓度为

$$b_{\mathrm{B}}=\frac{m_{\mathrm{B}}}{M_{\mathrm{B}}m_{\mathrm{A}}} \qquad (2\text{-}4\text{-}2)$$

式中：M_{B} 为溶质的分子量。将式(2-4-2)代入式(2-4-1)，整理得

$$M_{\mathrm{B}}=K_{\mathrm{f}}\,\frac{m_{\mathrm{B}}}{\Delta T_{\mathrm{f}}\cdot m_{\mathrm{A}}} \qquad (2\text{-}4\text{-}3)$$

通过实验测定此溶液的凝固点降低值 ΔT_{f}，则可通过上式计算溶质的摩尔质量 M_{B}。

在一定的大气压力下，纯溶剂的凝固点是其液相和固相平衡共存时的温度。若将液态的纯溶剂逐渐冷却，其未凝固前，根据相律可知，自由度 $F=1-1+1=1$，温度随时间会均匀下降；开始凝固时，纯溶剂固-液两相共存，此时自由度 $F=1-2+1=0$，即开始凝固后因结晶释放出的凝固热正好补偿了系统的热散失，系统将保持液-固两相平衡共存时的温度不变，冷却曲线出现水平线段；直至全部凝固后，自由度 $F=1-1+1=1$，温度又继续下降。由以上的理论分析可知，纯溶剂的理论冷却曲线应如图 2-4-1 中曲线 1 所示。

但在实际冷却过程中往往出现过冷现象，即当液体温度冷却到或低于其凝固点时，并不析出晶体，成为过冷液体。若加以搅拌或加入晶种，促使晶核产生，则会迅速析出大量晶体。由结晶放出的凝固热，使体系温度迅速回升，当结晶放出的凝固热与系统的热散失达到平衡时，温度不再改变，直到液体全部凝固后，温度再逐渐下降，其实际冷却曲线如图 2-4-1 中曲线 2

所示。由相律可知，溶液的冷却曲线与纯溶剂的冷却曲线形状不同，而且溶液的凝固点很难进行精确测量。当溶液固-液两相平衡共存时，自由度 $F=2-2+1=1$，温度仍可继续下降，溶液冷却曲线不会出现水平线段。但此时因有凝固热放出，系统温度的下降速度变慢，溶液冷却曲线的斜率发生变化，溶液冷却曲线的转折点所对应的温度可作为溶液的凝固点，如图 2-4-1 中曲线 3 所示。但在实际过程中，稀溶液往往会出现过冷现象，若过冷现象不严重，如图 2-4-1 中曲线 4 所示，则可将温度回升的最高值近似作为溶液的凝固点；若过冷太甚，如图 2-4-1 中曲线 5 所示，则测得的溶液凝固点偏低，将会影响溶质摩尔质量的测定结果。严格地说，当出现过冷现象时，均应根据所绘制的纯溶剂或溶液的冷却曲线，再按照图 2-4-2 所示的外推法确定凝固点。纯溶剂应以水平线段所对应的温度为准，而溶液则需要将凝固后固相的冷却曲线向上延长外推至液相的冷却曲线相交，并以两线交点的温度作为溶液的凝固点。

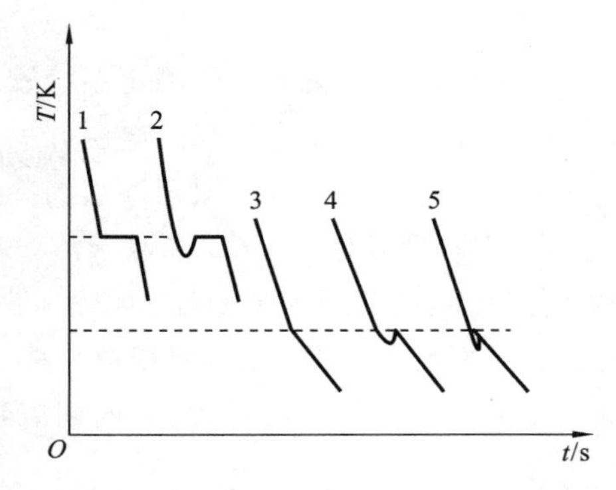

图 2-4-1　纯溶剂和溶液的冷却曲线

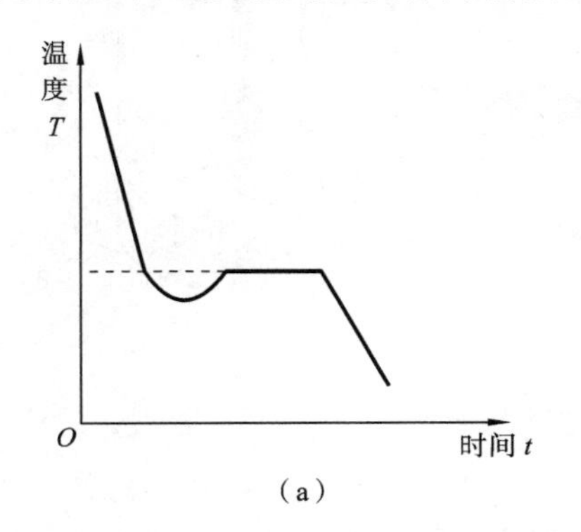

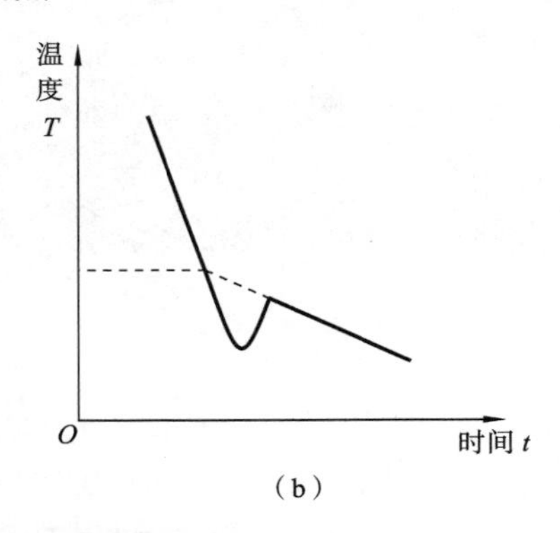

图 2-4-2　外推法求纯溶剂和溶液的凝固点

本实验使用自冷式凝固点测定仪，并将其与计算机相连。通过安装凝固点测定软件实时采集数据，将温度-时间曲线绘制出来，并通过软件自带的外推法确定纯溶剂凝固点（T_f^*）和溶液的凝固点（T_f），由此计算凝固点降低值，从而计算溶质的摩尔质量。

三、仪器与试剂

SWC-LGe 自冷式凝固点测定仪 1 套（包括制冷系统和测定系统），大试管 1 个，带活塞的搅拌器 1 个，移液管（25 cm^3）1 支，洗耳球 1 个，万分之一的电子天平 1 台，毛巾 1 条。

纯水；尿素（A. R.）。

四、实验内容

（1）将大试管洗净烘干，并确保搅拌器、温度传感器洁净干燥。

（2）将 SWC-LGe 自冷式凝固点测定仪制冷系统提前 30 min 打开制冷（温度范围为-5～

5 ℃)。

(3) 将凝固点测定仪的测定系统安装在计算机上。

(4) 打开凝固点测定仪的电源开关,温度显示为实时温度。

(5) 测定去离子水和尿素溶液的冷却曲线。

a. 用移液管取 25 mL 纯水于洁净干燥的大试管中,将带活塞搅拌器放入大试管中,插入温度传感器,调节温度传感器的位置,使其底端距凝固点测定管底部约 1.0 cm。按照图 2-4-3 所示安装好凝固点测定仪,检查搅拌棒,使其能顺利上下搅拌,且不能与温度传感器和管壁接触或摩擦。打开搅拌器开关,速度调节到“快”挡。

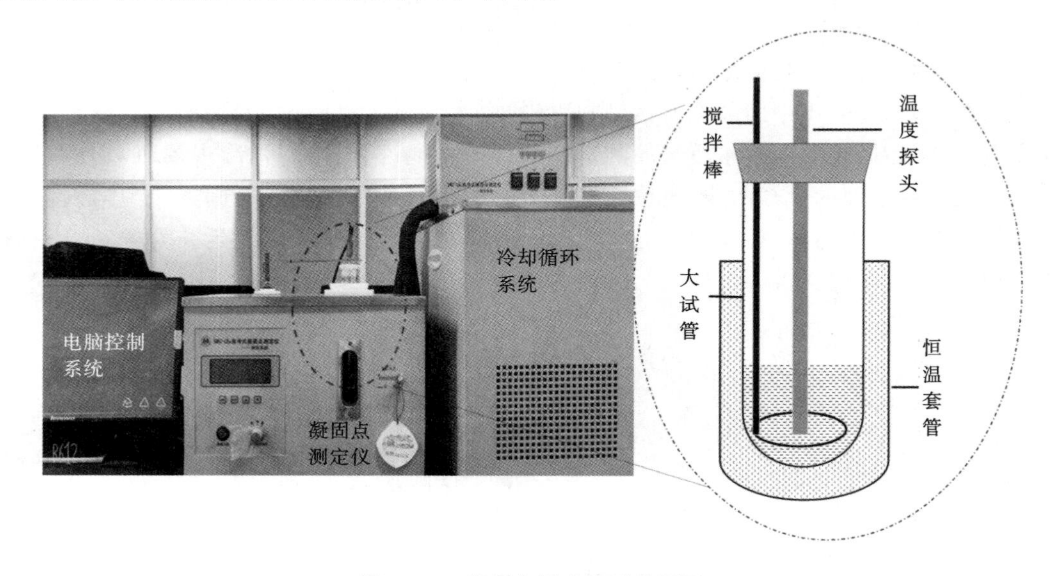

图 2-4-3　凝固点测定实验装置图

b. 打开计算机中的“凝固点降低法测物质摩尔质量”程序。打开凝固点测定软件,选择“通讯口”为 COM3 或 COM4;设置“坐标”,温度范围为 −2～2 ℃,设定时间为 10 min;依次选择“实验进程”(①②③④⑤⑥);打开 “数据通讯开始”,待温度为 2 ℃左右时,点击软件界面的“开始绘图”采集数据,当冷却曲线绘制完整以后,停止绘制,计算溶剂凝固点,并记录凝固点。

c. 取出大试管,手持毛巾握住大试管底部,同时上下移动搅拌棒使冰溶化,再放入冷却装置中,重复上述步骤,测定 3 次(实验进程①②③),要求溶剂凝固点的绝对平均误差小于 0.01 ℃。

d. 取出大试管,手持毛巾握住大试管底部,同时上下移动搅拌棒使冰溶化,准确称取 0.3 g 左右(精确到 0.0001 g)尿素加入大试管中,搅拌使其全部溶解,然后按测定纯水凝固点的步骤测定尿素溶液的凝固点(实验进程④⑤⑥),计算溶液凝固点。(温度降低至 1 ℃左右时开始采集数据)

e. 实验完毕,将搅拌电源开关置“断”的位置,并关闭凝固点测定仪的电源开关,取出大试管、搅拌器和温度传感器并清洗干净,放回原处。

五、数据记录及处理

(1) 由水的密度计算所取去离子水的质量。

(2) 将实验数据列入下表中。

物　质	质量/g	凝固点/℃			凝固点降低值 ΔT_f
		测量值/℃		平均值/℃	
纯水		①			
		②			
		③			
尿素		④			
		⑤			
		⑥			

(3) 由所得数据计算尿素的分子量，并计算其与理论值的相对误差。

六、思考题

(1) 本实验测量结果准确性的关键因素是什么？

(2) 在“凝固点降低法测摩尔质量实验”中，为什么会产生过冷现象？

(3) 当溶质在溶液中有解离、缔合、溶剂化或形成配合物时，测定的结果有何意义？

实验 2-5　双液系的气-液平衡相图

一、实验目的

(1) 熟悉相图和相律的基本概念，绘制环己烷-乙醇双液系的气-液平衡相图(t-x 图)。

(2) 掌握折光仪的操作方法，以及用折光率法测量双液系组成的原理。

(3) 确定环己烷-乙醇体系恒沸点及恒沸物的组成。

二、实验原理

两种液态物质混合而成的二组分体系称为双液系。根据两组分间溶解度的不同，可分为完全互溶、部分互溶和完全不互溶三种情况。两个组分若能按任意比例互相溶解，称为完全互溶双液系。液体的沸点是指液体的蒸气压与外界压力相等时的温度。在一定的外压下，纯液体的沸点有确定值。但双液系的沸点不仅与外压有关，还与二组分体系的相对含量有关。根据相律，得

$$F=C-P+2 \tag{2-5-1}$$

因此，一个气液共存的二组分体系，其自由度为 2。只要再任意确定一个变量，整个体系的存在状态就可以用二维图形来描述。例如，在一定温度下，可以画出体系的压力 p 和组分 x 的关系图，即 p-x 图。在一定压力下，可以画出体系的温度 t 和组分 x 的关系图，即 t-x 图。在 t-x 图上，还有温度、液相组成和气相组成三个变量，但只有一个自由度。一旦设定了某个变量，则其他两个变量必有相应的确定值。在一定压力下，双液系的沸点与组成的 t-x 图一般有下列三种情况：

(1) 理想的双液系，混合物的沸点介于两种纯组分之间(见图 2-5-1(a))；

(2) 各组分对拉乌尔定律产生负偏差，混合物存在最高沸点(见图 2-5-1(b))；

(3) 各组分对拉乌尔定律产生正偏差，混合物存在最低沸点(见图 2-5-1(c))。

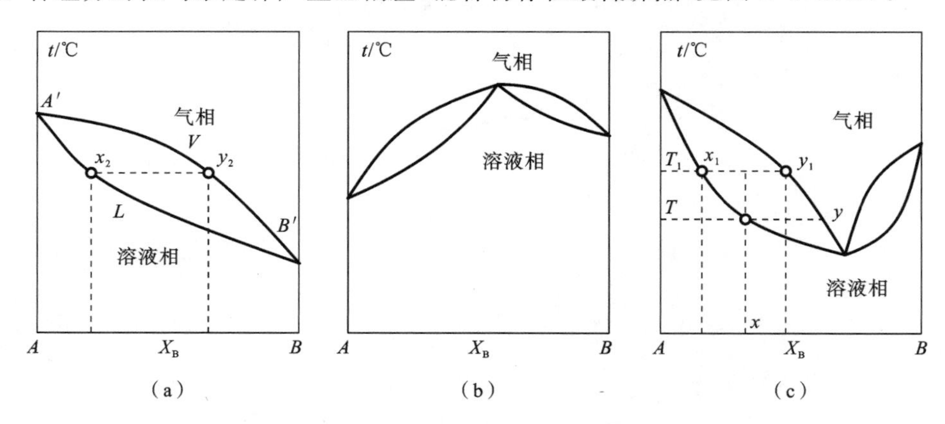

图 2-5-1　完全互溶双液系的温度-组成图

第(2)、(3)两类溶液在最高或最低沸点时的气液两相组成相同，加热蒸发的结果会使气相

总量增加，气液相组成及溶液沸点保持不变，这时的温度叫恒沸点，相应的组成叫恒沸物组成。理论上，第(1)类混合物可用一般精馏法分离出两种纯物质，第(2)、(3)两类混合物只能分离出一种纯物质和另一种恒沸混合物。

为了测定双液系的 t-x 图，需在气液相达到平衡后，同时测定双液系的沸点和液相、气相的平衡组成。实验中气液平衡组成的分离是通过沸点仪实现的，而各相组成的准确测定可通过阿贝折光仪测定其折光率进行。

本实验测定的环己烷-乙醇双液系相图属于具有最低恒沸点的体系。其方法是利用沸点仪在大气压下直接测定一系列不同组成混合物的气液平衡温度(沸点)，并收集少量的气相和液相冷凝液，分别用阿贝折光仪测定其折光率，根据折光率与标样浓度之间的关系，查得所对应的气相和液相组成。

本实验所用沸点仪如图 2-5-2 所示。这是一个带回流冷凝管的长颈圆底烧瓶。冷凝管底部有一个半球形小室，用于收集冷凝下来的气相样品。将电热丝直接放入混合液中加热，以减少过热暴沸现象。通过测定不同配比混合液的沸点及气液两相的组成，就可以绘制气-液体系的相图。

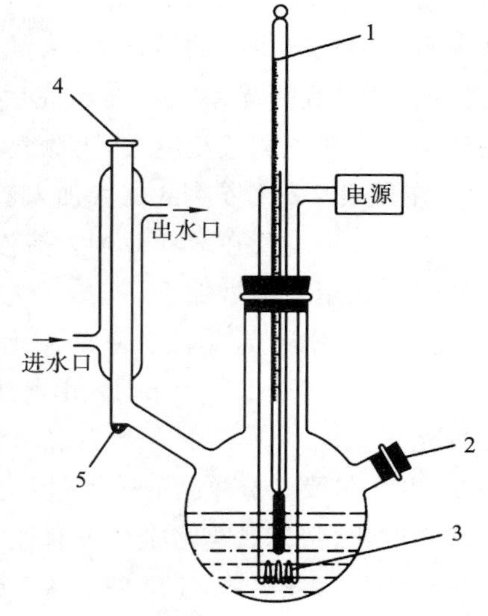

图 2-5-2　沸点仪实验装置示意图

1. 温度传感器；2. 进样口和液相取液口；3. 电热丝；4. 气相冷凝液取样口；5. 气相冷凝液

三、仪器与试剂

双液系沸点测定仪 1 套，阿贝折光仪 1 台，长短取样管各 1 支，10 mL 刻度移液管 2 支，沸点管 1 个，球形冷凝管 1 个，橡皮管 2 根，电热丝(带塞)1 个，电线 1 根，吸耳球 1 个。

环己烷(A. R.)，乙醇(A. R.)，环己烷-乙醇标准混合物。

四、实验内容

(1) 测定折光率与组成的关系，绘制工作曲线。

按表 2-5-1 用移液管精确配制一系列环己烷-乙醇标准溶液各 10 mL。为避免样品挥发带来误差，配制应尽量迅速。用阿贝折光仪测定纯环己烷、纯乙醇及标准混合物的折光率。以折光率对组成作图(组成为摩尔百分数)，即得工作曲线。(折光仪使用方法参阅“4.4 光学测量仪器”)

(2) 安装沸点仪。

按照图 2-5-2 所示，将干燥的沸点仪安装好。检查磨口塞是否密合，电热丝要靠近烧瓶底部，温度计探头离电热丝 0.5～1 cm。

(3) 测定环己烷-乙醇体系的沸点与组成。

本实验是以恒沸点为界，把相图分成左右两部分，分两次来绘制相图。

① 右半部分沸点-组成的测定。由支管加入 20.0 mL 纯环己烷，盖好瓶塞。打开冷却水，

接通电源,将电压调至 14 V 左右,加热电热丝直至液体沸腾,此时沸点测试仪的温度保持恒定,记录沸点温度,然后将电压旋钮调至 0.0 V 停止加热。

② 从支管口加入无水乙醇 0.5 mL 于沸点管中,重新加热至沸腾,记录混合液沸点。用滴管从沸点仪中吸取少量的混合液,测量其折光率 n_l,再用另一支滴管从气相冷凝液取样口吸取气相样品,测量其折光率 n_g。测试完后,气相冷凝液取样口的液体必须从支管全部取出放入沸点仪中。一般先测液相组成,再测气相组成。

③ 按照表 2-5-2 依次从支管加入乙醇 1.0 mL、2.0 mL、5.0 mL、5.0 mL、10.0 mL,重复以上操作。注意支管在取样及加入溶液后立即盖好,防止蒸发损失。每次测定折光率后,将棱镜打开吹干或用擦镜纸擦干,以备下次测定用。实验完毕,将混合液倒入回收瓶中。

④ 左半部分沸点-组成关系的测定。取 20.0 mL 纯乙醇加入沸点仪中,然后依次加入环己烷 1.0 mL、2.0 mL、5.0 mL。用前述方法分别测定混合液沸点及气相组分折光率 n_g、液相组分折光率 n_l。

⑤ 注意在每一份样品的蒸馏过程中,由于整个体系的成分不可能保持恒定,因此平衡温度会略有变化,特别是当溶液中两种组成的量相差较大时,变化更为明显。为此每加入一次样品后只要待测溶液沸腾,正常回流 1～2 min 后即可取样测定,不宜等待时间过长。

五、数据记录与处理

(1) 将实验数据记录于表 2-5-1 和表 2-5-2 中。

(2) 根据表 2-5-1 中平均折光率及其组成 $x_{烷}$ 作图可得标准曲线。

(3) 用标准曲线确定各气液相组成,填于表 2-5-2 中。

(4) 作环己烷-乙醇体系的沸点-组成图,并由图找出其恒沸点及恒沸物组成。

表 2-5-1　环己烷-乙醇标准溶液组成及其折光率

环己烷的摩尔百分率	0%	20%	40%	60%	80%	100%
折光率						

表 2-5-2　环己烷-乙醇混合物的沸点、折光率及组成

混合溶液之体积组成		沸点/℃	气相冷凝液分析		液相分析	
环己烷 $V_{烷}$/mL	乙醇 $V_{醇}$/mL		折光率 n_g	$y_{烷}$/(%)	折光率 n_l	$x_{烷}$/(%)
20.0	0.0					
—	0.5					
—	1.0					
—	2.0					
—	5.0					
—	5.0					
—	10.0					

续表

混合溶液之体积组成		沸点/℃	气相冷凝液分析		液相分析	
环己烷 $V_{烷}$/mL	乙醇 $V_{醇}$/mL		折光率 n_g	$y_{烷}$/(%)	折光率 n_l	$x_{烷}$/(%)
0.0	20.0					
1.0	—					
2.0	—					
5.0	—					

六、思考题

(1) 作环己烷-乙醇标准液的折光率-组成的曲线的目的是什么?

(2) 每次加入沸点管中的环己烷或乙醇是否应按记录表规定精确计量? 为什么?

(3) 如何判定气液两相已达平衡状态?

实验 2-6　化学平衡常数及分配系数的测定

一、实验目的

（1）掌握 I_2 在 CCl_4 和 H_2O 中的分配系数 K_d 的测定原理与方法。

（2）掌握反应 $I_2+I^-=I_3^-$ 的平衡常数 K_c 测定方法。

二、实验原理

在恒温恒压下，碘溶于碘化物（如 KI）溶液中，I_2 和 KI 在水溶液中建立如下平衡：

$$I_2+I^-=I_3^- \tag{2-6-1}$$

平衡常数

$$K_a=\frac{a_{I_3^-}}{a_{I^-}\cdot a_{I_2}}=\frac{\gamma_{I_3^-}}{\gamma_{I^-}\cdot\gamma_{I_2}}\frac{c_{I_3^-}}{c_{I^-}\cdot c_{I_2}}$$

在离子强度不大的稀溶液中，由于 $\gamma_{I^-}=\gamma_{I_3^-}$，且 $\gamma_{I_2}\rightarrow 1$，即 $\frac{\gamma_{I_3^-}}{\gamma_{I^-}\cdot\gamma_{I_2}}\approx 1$，故

$$K_a\approx\frac{c_{I_3^-}}{c_{I^-}\cdot c_{I_2}}=K_c$$

测定平衡常数必须测出平衡时各物质的浓度。通常，在化学分析中用碘量法测水溶液中的 I_2 的含量，但在本实验反应系统中，当用标准 $Na_2S_2O_3$ 溶液滴定 I_2 时，反应平衡向左移动，直至 I_3^- 解离完毕，这样测出的 I_2 的含量实际上是溶液中 I_2 和 I_3^- 的总量。

由能斯特分配定律可知：在恒温恒压下，某物质溶解在共存的两种互不相溶的液体里，达到平衡时，此物质在两相中的浓度之比为定值。如将 I_2 同时溶于 CCl_4 和 H_2O 中，达到平衡后，I_2 在 CCl_4 和 H_2O 中的浓度比值为常数，它不随 I_2 的浓度变化而改变，即

$$K_d=\frac{a'}{a}$$

式中：a' 和 a 分别为 I_2 在 CCl_4 和 H_2O 中的浓度；K_d 为分配系数，它与温度及溶剂的性质有关，而与溶剂及溶质的绝对量无关。

H_2O 层和 CCl_4 层中的 I_2 用 $Na_2S_2O_3$ 溶液滴定的反应式为

$$2Na_2S_2O_3+I_2 \!=\!=\!= Na_2S_4O_6+2NaI \tag{2-6-2}$$

由所消耗的 $Na_2S_2O_3$ 溶液的量就可计算出分配系数。

因此，本实验把 I_2 的 H_2O 溶液和 I_2 的 CCl_4 溶液混合，平衡时，分析溶液中 I_2 的浓度，即可求出该温度和压力下的 K_d。然后在相同的温度和压力条件下用 KI 的 H_2O 溶液与 I_2 的 CCl_4 溶液混合，则 I_2 会进入水相与 KI 起配合反应，经过充分振荡，在一定温度和压力下同时建立相平衡和化学平衡。I^- 和 I_3^- 不溶于 CCl_4，而 KI 溶液中的 I_2 不仅与 H_2O 层中的 I^- 和 I_3^- 达成平衡，而且与 CCl_4 中的 I_2 也建立了平衡，如图 2-6-1 所示。

设水层中 I_3^- 和 I_2 的总浓度为 b，I^- 的初始浓度为 c，CCl_4 层中 I_2 的浓度为 a'，在 H_2O 层

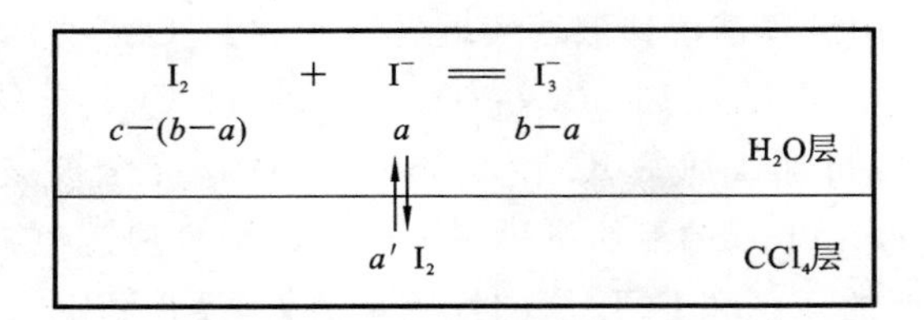

图 2-6-1　I_2 在 H_2O 层和 CCl_4 层中的分配图

及 CCl_4 层的分配系数为 K_d。实验测得 K_d 和 a'后，根据 $K_d=a'/a$ 可求得 H_2O 层中 I_2 的浓度为 a，再由已知 c 及测得的 b，根据物料平衡方程求出 H_2O 相中达到平衡时各组分的平衡浓度，即可求出 I_2 和 I^- 反应的平衡常数：

$$K_c=\frac{c_{I_3^-}}{c_{I^-}\cdot c_{I_2}}=\frac{b-a}{a[c-(b-a)]} \tag{2-6-3}$$

三、仪器和试剂

（1）仪器：恒温槽 1 套，250 mL 碘量瓶 2 个，5 mL 和 50 mL 移液管各 2 支，10 mL 移液管 1 支，250 mL 锥形瓶 4 个，碱式滴定管 2 支，10 mL、25 mL、50 mL 和 100 mL 量筒各 1 支。

（2）试剂：0.01 $mol\cdot L^{-1}$ $Na_2S_2O_3$ 标准溶液，0.1 $mol\cdot L^{-1}$ KI 溶液，0.02 $mol\cdot L^{-1}$ I_2 的 CCl_4 溶液，1%淀粉溶液。

四、实验内容

（1）将恒温槽加热至 25 ℃保持恒温（注：若室温高于 25 ℃，应控制恒温槽温度稍高于室温）。

（2）取 2 个 250 mL 碘量瓶并编号，用量筒按表 2-6-1 所列数据，用碘量瓶配制溶液，配好后塞紧瓶盖备用。

（3）将配好的溶液剧烈振荡 10 min，置于 25 ℃的恒温槽内，每隔 10 min 充分振荡 1 次，使反应充分地达到平衡。约 1 h 后按表 2-6-2 所列数据取样进行分析。

（4）分析水层时，按表所列数据量取 H_2O 层溶液于锥形瓶中，再加入 2 mL 淀粉溶液作指示剂，用 $Na_2S_2O_3$ 标准溶液仔细滴至蓝色恰好消失。平行滴定 3 次取平均值。

表 2-6-1　实验系统组成

碘量瓶编号		Ⅰ	Ⅱ
混合液组成/ mL	H_2O	200	0
	I_2 的 CCl_4 溶液	25	25
	KI 溶液	0	100
	CCl_4	0	0
分析取样体积/mL	CCl_4 层	5	5
	H_2O 层	50	10

(5) 分析 CCl_4 层时，用洗耳球使移液管尖端鼓泡通过 H_2O 层进入 CCl_4 层中，吸取 5 mL CCl_4 层溶液放入锥形瓶中。先加入 10 mL 左右的蒸馏水，使 CCl_4 层的 I_2 转移到 H_2O 层中，为使 I_2 尽快进入 H_2O 层，可加入适量 KI 使 CCl_4 层中的 I_2 完全被提取到 H_2O 层上来。当 H_2O 层呈现淡黄色时，加入 2 mL 的淀粉指示剂，若 H_2O 层呈现蓝色再用 $Na_2S_2O_3$ 标准溶液进行滴定，一直到 H_2O 层的蓝色和 CCl_4 层的红色均消失，停止滴定，记下消耗的 $Na_2S_2O_3$ 标准溶液的量。平行滴定 3 次取平均值。

五、数据记录与处理

(1) 将原始数据和计算结果记录在表 2-6-2 中：

表 2-6-2　数据记录表

水浴温度：______。

碘量瓶编号			Ⅰ	Ⅱ
滴定消耗 $Na_2S_2O_3$ 标准溶液体积 V/mL	CCl_4 层	V_1/mL		
		V_2/mL		
		V_3/mL		
		$\bar{V}$/mL		
	H_2O 层	V_1/mL		
		V_2/mL		
		V_3/mL		
		$\bar{V}$/mL		
分配系数 K_d		平衡常数 K_c		

(2) 数据处理和计算：

① 由Ⅰ号瓶中 H_2O 层和 CCl_4 层消耗的 $Na_2S_2O_3$ 的量，计算分配系数 K_d。

② 由Ⅱ号瓶中 H_2O 层和 CCl_4 层消耗的 $Na_2S_2O_3$ 的量及分配系数值，计算平衡常数 K_c。(注：K_c(25 ℃)＝714.3；K_c(30 ℃)＝638.43；K_c(35 ℃)＝527.70)

六、思考题

(1) 在化学平衡常数及分配系数的测定实验中，为什么应严格控制恒温？如何控制？

(2) 在 $I_2+I^- = I_3^-$ 反应平衡常数测定实验中，所用的碘量瓶和锥形瓶中哪些需要干燥？哪些不需要干燥？为什么？

(3) 在 $I_2+I^- = I_3^-$ 反应平衡常数测定实验中，滴定 CCl_4 层样品时，为什么要先加 KI 水溶液？

实验 2-7　化学反应的热力学函数测定

一、实验目的

(1) 熟悉用等压计测定平衡压力的方法。

(2) 掌握化学反应的分解压力测试方法；计算化学平衡常数 $K^{\ominus}$。

(3) 利用氨基甲酸铵分解反应平衡常数计算化学反应的热力学函数。

二、实验原理

氨基甲酸铵为白色固体，很不稳定，其分解反应式为

$$NH_2COONH_4(s) \longrightarrow 2NH_3(g) + CO_2(g)$$

该化学反应为复相反应，在封闭体系中很容易达到平衡，在常压下其平衡常数可近似表示为

$$K^{\ominus} = \left(\frac{p_{NH_3}}{p^{\ominus}}\right)^2 \left(\frac{p_{CO_2}}{p^{\ominus}}\right) \tag{2-7-1}$$

式中：p_{NH_3}、p_{CO_2} 分别表示反应温度下 NH_3 和 CO_2 平衡时的分压；$p^{\ominus}$ 为标准压，通常为 100 kPa。

设平衡总压为 p，由于 1 mol NH_2COONH_4(s)分解能生成 2 mol NH_3(g)和 1 mol CO_2(g)，又因为固体氨基甲酸铵的蒸气压很小，所以体系的平衡总压就可以看作 p_{NH_3} 和 p_{CO_2} 之和，又 $p_{NH_3} = 2p_{CO_2}$，则

$$p_{NH_3} = \frac{2}{3}p, \quad p_{CO_2} = \frac{1}{3}p \tag{2-7-2}$$

将式(2-7-2)代入式(2-7-1)得

$$K^{\ominus} = \left(\frac{2p}{3p^{\ominus}}\right)^2 \left(\frac{p}{3p^{\ominus}}\right) = \frac{4}{27}\left(\frac{p}{p^{\ominus}}\right)^3 \tag{2-7-3}$$

因此，当体系达平衡后，测量其总压 p 即可计算出平衡常数 $K^{\ominus}$。

温度对平衡常数的影响可用下式表示：

$$\frac{\mathrm{d}\ln K^{\ominus}}{\mathrm{d}T} = \frac{\Delta_r H_m^{\ominus}}{RT^2} \tag{2-7-4}$$

式中：T 为热力学温度；$\Delta_r H_m^{\ominus}$ 为标准反应热效应。

当温度在不大的范围内变化时，$\Delta_r H_m^{\ominus}$ 可视为常数，由式(2-7-4)积分得

$$\ln K^{\ominus} = -\frac{\Delta_r H_m^{\ominus}}{RT} + C' \quad (C'\text{为积分常数}) \tag{2-7-5}$$

若以 $\ln K^{\ominus}$ 对 $\frac{1}{T}$ 作图，得一直线，其斜率为 $-\frac{\Delta_r H_m^{\ominus}}{R}$，由此可求出 $\Delta_r H_m^{\ominus}$。

氨基甲酸铵分解反应为吸热反应，反应热效应很大，在 25 ℃时每摩尔固体氨基甲酸铵分解的等压反应热 $\Delta_r H_m^{\ominus}$ 为 159 kJ·mol^{-1}，所以温度对平衡常数的影响很大，实验中必须严格控制恒温槽的温度，使温度变化控制在－0.1～0.1 ℃。

由实验求得某温度下的平衡常数 $K^{\ominus}$ 后，可按下式计算该温度下反应的标准吉布斯自由能变化 $\Delta_r G_m^{\ominus}$：

$$\Delta_r G_m^{\ominus} = -RT\ln K^{\ominus} \tag{2-7-6}$$

利用实验温度范围内反应的平均等压热效应 $\Delta_r H_m^{\ominus}$ 和某温度下的标准吉布斯自由能变化 $\Delta_r G_m^{\ominus}$，可近似计算出该温度下的熵变 $\Delta_r S_m^{\ominus}$：

$$\Delta_r S_m^{\ominus} = \frac{\Delta_r H_m^{\ominus} - \Delta_r G_m^{\ominus}}{T} \tag{2-7-7}$$

因此通过测定一定温度范围内某温度的氨基甲酸铵的分解压(平衡总压)，就可以利用上述公式分别求出 $K^{\ominus}$、$\Delta_r H_m^{\ominus}$、$\Delta_r G_m^{\ominus}$ 和 $\Delta_r S_m^{\ominus}$。

三、仪器与试剂

实验装置 1 套，真空泵 1 台，数字式真空压力计 1 台。

新制备的氨基甲酸铵，硅油或邻苯二甲酸二壬酯。

四、实验内容

(1) 按图 2-7-1 所示安装仪器，并在圆底烧瓶中加入样品氨基甲酸铵。

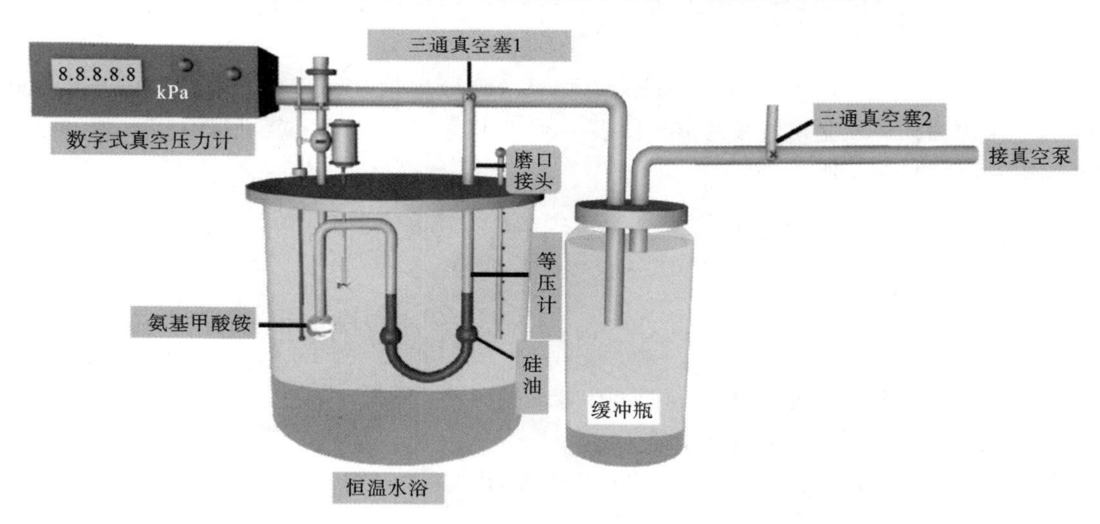

图 2-7-1　实验装置图

(2) 检漏。

检查活塞和气路，开启真空泵，抽气至系统达到一定真空度，关闭活塞，停止抽气。观察数字式真空压力计的读数，判断是否漏气。如果在数分钟内压力计读数基本不变，表明系统不漏气。若有漏气，则应从泵至系统分段检查，并用真空油脂封住漏口，直至不漏气为止才可进行下一步实验。

(3) 测量。

打开恒温水浴开关，设定温度为 30 ℃±0.1 ℃。打开真空泵，将系统中的空气排出，约

15 min，关闭旋塞，停止抽气。缓慢开启旋塞，接通毛细管，小心地将空气逐渐放入系统，直至等压计 U 形管两臂硅油齐平，立即关闭旋塞。观察硅油面，反复多次地排气，直至 10 min 内硅油面齐平不变，即可读取压力计的数值。

(4) 重复测量。

再使系统与真空泵相连，在开泵 1～2 min 后，再打开旋塞。继续排气，约 10 min 后，如上操作重新测定氨基甲酸铵的分解压。如两次测定结果的压力差小于 200 Pa，可进行下一步实验。

(5) 升温测量。

调节恒温槽的温度至 35 ℃，在升温过程中逐渐从毛细管缓慢放入空气，使分解的气体不至于通过硅油鼓泡，保持恒温 10 min。最后至 U 形管两臂硅油面齐平且保持 10 min 不变，即可读取压力计读数及恒温槽温度。同法测定 40 ℃、45 ℃时的分解压。

(6) 复原。

实验完毕后，将空气慢慢放入系统，使系统解除真空，关闭压力计。

五、数据处理

(1) 计算各温度下氨基甲酸铵的分解压。

(2) 计算各温度下氨基甲酸铵分解反应的平衡常数 $K^{\ominus}$。

(3) 根据实验数据，以 $\ln K^{\ominus}$ 对 $1/T$ 作图，并由直线斜率计算氨基甲酸铵分解反应的 $\Delta_r H_m^{\ominus}$。

(4) 计算 25 ℃时氨基甲酸铵分解反应的 $\Delta_r G_m^{\ominus}$ 和 $\Delta_r S_m^{\ominus}$。

六、思考题

(1) 如何检查系统是否漏气？

(2) 为什么一定要排净小球中的空气？

(3) 如何判断氨基甲酸铵分解已达平衡？

(4) 在实验装置中安装缓冲瓶的作用是什么？

(5) $K^{\ominus}=(p_{NH_3})^2 \cdot p_{CO_2}$ 与 $K^{\ominus}=\left(\frac{p_{NH_3}}{p^{\ominus}}\right)^2\left(\frac{p_{CO_2}}{p^{\ominus}}\right)$两者有何不同？

实验 2-8 染料分子的酸离解平衡常数测定

一、实验目的

(1) 掌握分光光度计和 pH 计的使用方法。
(2) 掌握甲基红染料分子离解平衡常数的测量原理。

二、实验原理

甲基红(对-二甲氨基-邻-羧基偶氮苯)是一种弱酸性的染料指示剂,其分子式如下:

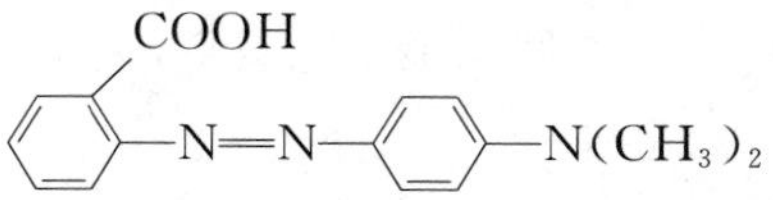

COOH
—N═N—
—$N(CH_3)_2$

甲基红具有酸(HMR)和碱(MR^-)两种形式。它在溶液中部分电离,在碱性浴液中呈黄色,在酸性溶液中呈红色。在酸性溶液中它以两种离子形式存在:

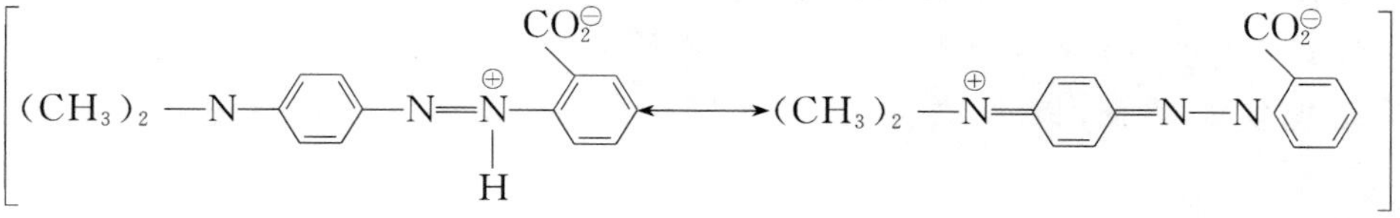

$CO_2^{\ominus}$ $CO_2^{\ominus}$
$(CH_3)_2$—N— —N═$\overset{\oplus}{N}$(H)— ⟷ $(CH_3)_2$—$\overset{\oplus}{N}$═ ═N—N

酸(HMR)—红

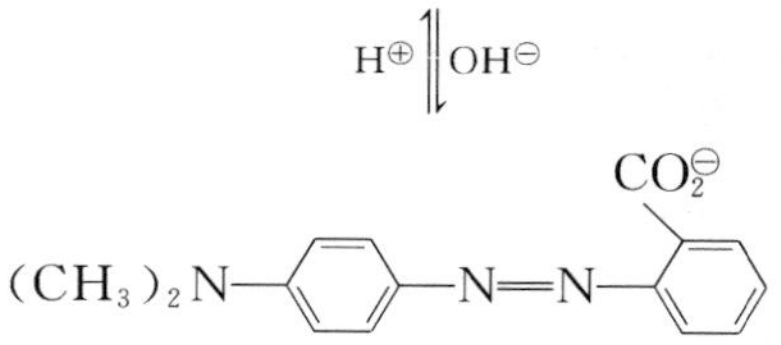

$H^{\oplus}$ ⇅ $OH^{\ominus}$

$CO_2^{\ominus}$
$(CH_3)_2N$— —N═N—

碱(MR^-)—黄

可简单地写成

$$\text{HMR} \rightleftharpoons \text{H}^+ + \text{MR}^-$$

甲基红的酸形式 甲基红的碱形式

其离解平衡常数可表示为

$$K_a = \frac{[\text{H}^+][\text{MR}^-]}{[\text{HMR}]} \tag{2-8-1}$$

两边取负对数得酸离解平衡常数为

$$pK_a = \text{pH} - \lg \frac{[\text{MR}^-]}{[\text{HMR}]} \tag{2-8-2}$$

由上式可知,只要测定溶液中[MR^-]、[HMR]及溶液的 pH 值(用 pH 计测得),即可求得甲基红的 pK_a。

由于 HMR 和 MR^- 两者在可见光谱范围内具有强的吸收峰,溶液离子强度的变化对它的酸离解平衡常数没有显著影响,而且在简单 CH_3COOH—CH_3COONa 缓冲体系中就很容易使颜色在 pH＝4～6 范围内改变，因此比值$[MR^-]/[HMR]$可用分光光度计测定而求得。

对一化学反应平衡系统，分光光度计测得的吸光度包括系统各物质的贡献，物质对光的吸收符合朗伯-比尔定律 $A=\varepsilon bc$，其中 c 为溶液的浓度($mol \cdot L^{-1}$)，ε 为摩尔吸光系数($L \cdot mol^{-1} \cdot cm^{-1}$)，$b$ 为溶液的光径长度即比色皿厚度(cm)。故甲基红溶液总的吸光度为

$$A_1=\varepsilon_{1 \cdot HMR} \cdot [HMR] \cdot b+\varepsilon_{1 \cdot MR^-} \cdot [MR^-] \cdot b \quad (2\text{-}8\text{-}3)$$

$$A_2=\varepsilon_{2 \cdot HMR} \cdot [HMR] \cdot b+\varepsilon_{2 \cdot MR^-} \cdot [MR^-] \cdot b \quad (2\text{-}8\text{-}4)$$

式中：A_1、A_2 分别为在 HMR 和 MR^- 的最大吸收波长处所测得的总的吸光度，$\varepsilon_{1 \cdot HMR}$、$\varepsilon_{1 \cdot MR^-}$ 和 $\varepsilon_{2 \cdot HMR}$、$\varepsilon_{2 \cdot MR^-}$ 分别为在波长 λ_1 和 λ_2 下的摩尔吸光系数。各物质摩尔吸光系数值可由作图法求得。

以 $\varepsilon_{1 \cdot HMR}$ 为例，由吸收定律知 $A=\varepsilon bc$，当波长、物质种类、温度及比色皿厚度确定后，εb 是一常数，则 $A \propto c$。可配一系列已知浓度的 HMR 溶液在 λ_1 下测溶液的 A，以 A-c 作图得一直线，其斜率为 εb，而 $b=1$ cm 时斜率等于 ε。同理可求得 $\varepsilon_{1 \cdot MR^-}$、$\varepsilon_{2 \cdot HMR}$ 和 $\varepsilon_{2 \cdot MR^-}$。

最后求出比值$[MR^-]/[HMR]$，结合溶液的 pH 值按公式(2-8-2)求出 pK_a 值。

三、仪器和试剂

(1) 仪器：2100 型分光光度计(附比色皿) 1 台，pHSJ-3A 型实验室 pH 计(附电极架)1 台，pH 复合电极 1 个，100 mL 容量瓶 6 个，洗耳球 1 个，10 mL 移液管 3 支；100 mL 烧杯 4 个，镜头纸。

(2) 试剂：甲基红储备液(0.5 g 甲基红溶于 300 mL 95%乙醇中，用去离子水稀释至 500 mL)，标准甲基红溶液(8 mL 甲基红储备液加 50 mL 95%乙醇，用去离子水稀释至 100 mL)，pH＝6.84 的缓冲溶液，0.02 $mol \cdot L^{-1}$ HAc 溶液，0.1 $mol \cdot L^{-1}$ HCl 溶液，0.01 $mol \cdot L^{-1}$ HCl 溶液，0.01 $mol \cdot L^{-1}$ NaAc 溶液，0.04 $mol \cdot L^{-1}$ NaAc 溶液。

四、实验内容

(1) 测定甲基红酸式(HMR)和碱式(MR^-)的最大吸收波长 λ_1 和 λ_2。

① 配溶液Ⅰ：取 10 mL 标准甲基红溶液，加 10 mL 0.1 $mol \cdot L^{-1}$ HCl，用去离子水稀释至 100 mL。此时溶液的 pH 值大约为 2，甲基红完全以酸式(HMR)形式存在。

② 配溶液Ⅱ：取 10 mL 标准甲基红溶液，加 25 mL 0.04 $mol \cdot L^{-1}$ NaAc，用去离子水稀释至 100 mL。此溶液的 pH 值大约为 8，甲基红完全以碱式(MR^-)形式存在。

③ 取部分溶液Ⅰ和溶液Ⅱ分别放在 2 个 1 cm 厚的比色皿中，在 350～600 nm 间每隔 10 nm 测定它们相对于去离子水的吸光度 A，绘制 HMR 和 MR^- 的吸收曲线，并确定 HMR 和 MR^- 的最大吸收波长 λ_1 和 λ_2(参照表 2-8-1)。分光光度计的使用参照“4.4 光学测量仪器”。

④ 检验甲基红酸式(HMR)和碱式(MR^-)是否符合朗伯-比尔定律。

(2) 在 λ_1 和 λ_2 下测定 4 个摩尔吸光系数 $\varepsilon_{1 \cdot HMR}$、$\varepsilon_{1 \cdot MR^-}$ 和 $\varepsilon_{2 \cdot HMR}$、$\varepsilon_{2 \cdot MR^-}$。

① 取一定量溶液Ⅰ用 0.01 $mol \cdot L^{-1}$ HCl 稀释至原溶液的 0.75、0.5 、0.25 倍作为一系列待测液，在 λ_1 下测定这些溶液相对于去离子水的吸光度。由吸光度对溶液浓度作图，并计

算在 λ_1 下甲基红酸式(HMR)和碱式(MR^-)的 $\varepsilon_{1 \cdot HMR}$、$\varepsilon_{1 \cdot MR^-}$。

② 同上,取一定量溶液Ⅱ用 0.01 $mol \cdot L^{-1}$ NaAc 稀释至原溶液的 0.75、0.5、0.25 倍作为一系列待测液,在 λ_2 下测定这些溶液相对于去离子水的吸光度。由吸光度对溶液浓度作图,并计算在 λ_2 下甲基红酸式(HMR)和碱式(MR^-)的 $\varepsilon_{2 \cdot HMR}$、$\varepsilon_{2 \cdot MR^-}$。

(3) 求不同 pH 值下 HMR 和 MR^- 的相对量。

① 在 4 个 100 mL 的容量瓶中各加入 10 mL 标准甲基红溶液和 25 mL 0.04 $mol \cdot L^{-1}$ NaAc 溶液,并依次分别加入 0.02 $mol \cdot L^{-1}$ HAc 溶液 50 mL、25 mL、10 mL 和 5 mL,然后用去离子水稀释到刻度。

② 测定 λ_1 和 λ_2 两波长下各溶液的吸光度 A_1 和 A_2,用 pH 计测定溶液的 pH 值。

③ 不同波长下测得的吸光度为 HMR 和 MR^- 的吸光度之和,所以溶液中[MR^-]/[HMR]的值可由式(2-8-3)、式(2-8-4)组成的方程组求得。再代入式(2-8-2),即可求出甲基红的酸离解平衡常数 pK_a。

五、数据记录与处理

(1) 测定甲基红酸式(HMR)和碱式(MR^-)的吸光度并记录于表 2-8-1 中。

表 2-8-1　甲基红溶液的吸光度与波长的关系

波长 λ/nm	吸光度 A	
	溶液Ⅰ	溶液Ⅱ
350		
360		
370		
380		
390		
400		
…	…	…
600		

根据上表的数据绘制 A-λ 图,并确定 HMR 和 MR^- 的最大吸收波长 λ_1 和 λ_2。

(2) $\varepsilon_{1 \cdot HMR}$、$\varepsilon_{1 \cdot MR^-}$ 和 $\varepsilon_{2 \cdot HMR}$、$\varepsilon_{2 \cdot MR^-}$ 的测定。

根据表 2-8-2 的数据作吸光度-相对浓度图(A-x 图),由直线斜率即可求出摩尔吸光系数 $\varepsilon_{1 \cdot HMR}$、$\varepsilon_{1 \cdot MR^-}$ 和 $\varepsilon_{2 \cdot HMR}$、$\varepsilon_{2 \cdot MR^-}$。

表 2-8-2　不同浓度甲基红溶液的吸光度

相对浓度 x		1	0.75	0.50	0.25
溶液Ⅰ	$V_{溶液}$/mL	—	7.50	5.00	2.50
	V_{HCl}/mL	0	2.50	5.00	7.50
	A_1				
	A_2				

续表

相对浓度 x		1	0.75	0.50	0.25
溶液Ⅱ	$V_{溶液}$/mL	—	7.50	5.00	2.50
	V_{NaAc}/mL	0	2.50	5.00	7.50
	A_1				
	A_2				

（3）甲基红的酸离解平衡常数 pK_a 的测定。

根据表 2-8-3 及实验原理便可求出甲基红的酸离解平衡常数。

表 2-8-3　酸度对甲基红溶液的吸光度的影响

序　　号	1	2	3	4
$V_{溶液}$/mL				
V_{NaAc}/mL				
V_{HAc}/mL				
A_1				
A_2				
$\frac{[MR^-]}{[HMR]}$				
$\lg\frac{[MR^-]}{[HMR]}$				
pH				
pK_a				

六、思考题

（1）为何要先测出最大吸收波长，然后在最大吸收峰处测定吸光度？

（2）为何要将待测液配成稀溶液？

（3）用分光光度计进行测定时，为何要用空白溶液校正零点？

实验 2-9　原电池电动势的测定

一、实验目的

(1) 掌握对消法测量原电池电动势的方法和原理。

(2) 掌握数字电位差计的测量原理和正确使用方法。

(3) 测定 Cu-Zn 电池的电动势和 Cu、Zn 电极的电极电势。

二、实验原理

测定电池电动势时，首先要求电池反应本身是可逆的。电池反应可逆应满足如下条件：

(1) 电池电极反应可逆；

(2) 电池中不允许存在任何不可逆的液接界；

(3) 电池必须在可逆的情况下工作，即充放电过程必须在平衡状态下进行，即允许通过电池的电流为无限小。

因此在进行电动势测量时，为使电池反应在接近热力学可逆条件下进行，所以不能用伏特表来测量，而要用电位差计来测量。电位差计是按补偿法测量原理设计而成的，即要求可逆电池中通过的工作电流必须无限小，则在外电路上用一个方向相反而大小与待测电动势相等的外加电动势来抵消被测电池的电动势，使电流表的读数为零，此时所测得的电动势就可以从外电路的电压数值读出。此方法即对消法，其原理如图 2-9-1 所示：

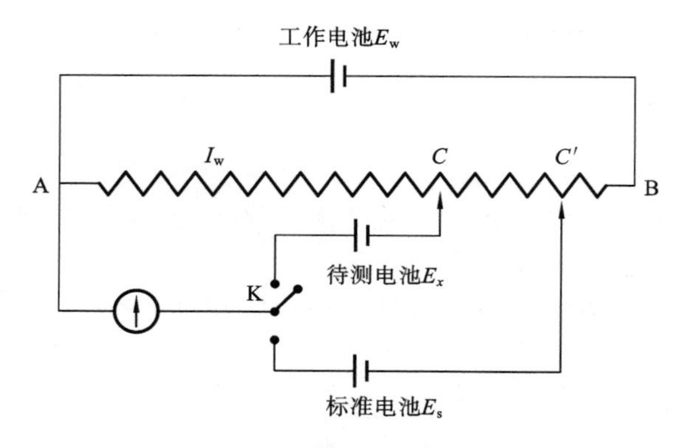

图 2-9-1　对消法测原电池电动势原理图

原电池是由两个“半电池”组成，每个半电池中有一个电极和相应的溶液。由不同的半电池可以组成各种各样的原电池，电池中的正极起还原作用，负极起氧化作用，电池的电动势等于两个电极电势的差值：

$$E=E_{+}-E_{-}=E_{右}-E_{左}$$

$$E_{+}=E_{+}^{\ominus}+\frac{RT}{nF}\ln a_{+}$$

$$E_{-}=E_{-}^{\ominus}+\frac{RT}{nF}\ln a_{-}$$

以 Cu-Zn 电池为例：

$$Zn|ZnSO_4(a_1)\|CuSO_4(a_2)|Cu$$

式中：左边为电池负极，右边为电池正极。符号“|”代表固相（Zn 或 Cu）和液相（$ZnSO_4$ 或 $CuSO_4$）两相界面；“‖”代表连通两个液相的“盐桥”；a_1 和 a_2 分别为 $ZnSO_4$ 和 $CuSO_4$ 的活度。

Zn 的电极电势：

$$E_{Zn^{2+}/Zn}=E_{Zn^{2+}/Zn}^{\ominus}-\frac{RT}{2F}\ln\frac{1}{a_{Zn^{2+}}} \tag{2-9-1}$$

Cu 的电极电势：

$$E_{Cu^{2+}/Cu}=E_{Cu^{2+}/Cu}^{\ominus}-\frac{RT}{2F}\ln\frac{1}{a_{Cu^{2+}}} \tag{2-9-2}$$

Cu-Zn 电池的电动势：

$$E=(E_{Cu^{2+}/Cu}^{\ominus}-E_{Zn^{2+}/Zn}^{\ominus})-\frac{RT}{2F}\ln\frac{a_{Zn^{2+}}}{a_{Cu^{2+}}} \tag{2-9-3}$$

式中：$a_{Cu^{2+}}=\gamma_{Cu^{2+}}\frac{m_{Cu^{2+}}}{m^{\theta}}$，$a_{Zn^{2+}}=\gamma_{Zn^{2+}}\frac{m_{Zn^{2+}}}{m^{\theta}}$，$a_{\pm}=\gamma_{\pm}\frac{m_{\pm}}{m^{\theta}}$（对于 2-2 型电解质有 $\gamma_{\pm}=\gamma_{+}=\gamma_{-}$）。

三、仪器与试剂

数字电位差计 1 台，检流计 1 台，标准电池 1 个，20 V 直流电源 1 台，饱和甘汞电极 1 个，洗耳球 1 个，铜电极 1 个，铜片 1 块，锌电极 1 个，电极管 2 个，50 mL 烧杯 3 个，洗瓶 1 个。

饱和 KCl 溶液，稀硝酸溶液（0.5 $mol\cdot L^{-1}$），0.1 $mol\cdot L^{-1}$ $ZnSO_4$ 溶液，0.1 $mol\cdot L^{-1}$ $CuSO_4$ 溶液。

四、实验内容

(1) 电极制备。

① 锌电极：先用砂纸将锌电极的表面上的氧化物磨掉，再用蒸馏水淋洗；然后浸入饱和硝酸亚汞溶液中约 5 s，取出后用滤纸擦干（注意：用过的滤纸要立即投入指定的废液杯中），并尽快用蒸馏水洗净；最后将其插入清洁的电极管（见图 2-9-2）内并塞紧，将电极管的虹吸管口浸入硫酸锌溶液中，用洗耳球在胶管中将溶液吸入电极管直到比虹吸管略高一点时，使电极浸没在溶液中的深度超过 1 cm。装好的虹吸管电极（包括管口）不能有气泡，不能有漏液现象。

② 铜电极：用金相砂纸打磨铜电极，并插入稀硝酸溶液中浸泡 2 min 以除去铜表面的氧化层，取出用蒸馏水淋洗；然后置于电镀装置中，将处理的铜电极作为阴极，另取洁净的铜片作为阳极，在 0.1 $mol\cdot L^{-1}$ $CuSO_4$ 溶液中电镀。控制电流约为 1.5 A，电镀时间约为 3 min，使铜电极表面镀上一层均匀的铜，并尽快用蒸馏水洗净，置于装有 0.1 $mol\cdot L^{-1}$ $CuSO_4$ 溶液电极管中，按上述方法吸入 $CuSO_4$ 溶液，制成铜电极。

(2) 按图 2-9-3 所示分别将下列 3 组电池接入电位差计的测量端，测量其电动势。

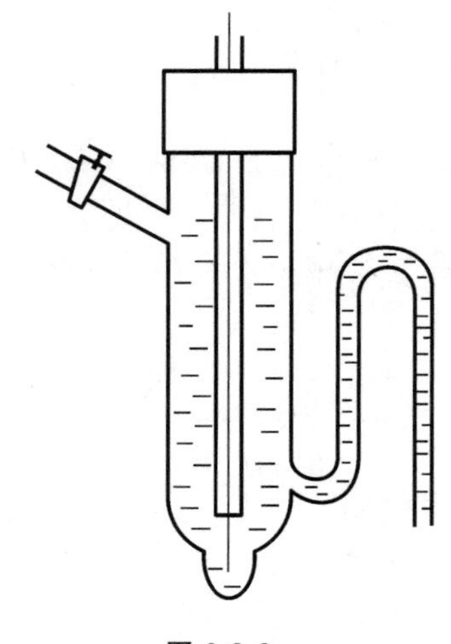

图 2-9-2

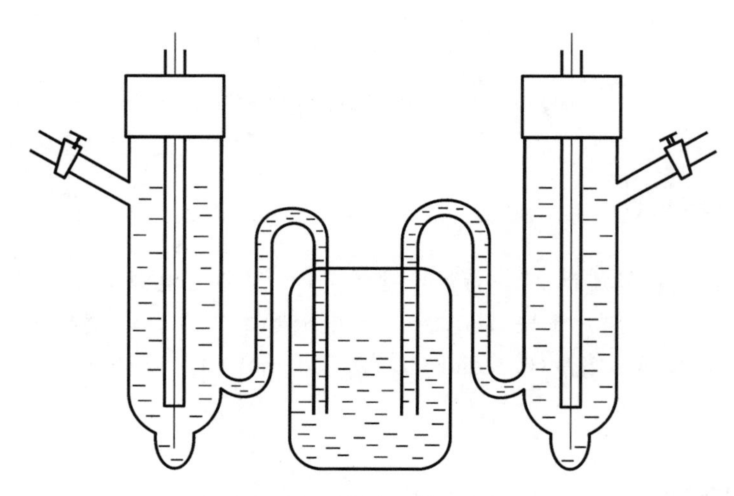

图 2-9-3　电池组装示意图

①(—) Zn(s) | $ZnSO_4$(0.1 mol · L^{-1}) ‖ $CuSO_4$(0.1 mol · L^{-1}) | Cu(s)(+)

②(—) Zn(s) | $ZnSO_4$(0.1 mol · L^{-1}) ‖ KCl(饱和) | Hg_2Cl_2 | Hg(s)(+)

③(—) Hg(s) | Hg_2Cl_2 | KCl(饱和) ‖ $CuSO_4$(0.1 mol · L^{-1}) | Cu(s)(+)

(3) 测量电动势。

将连接好的电池接到数字电位差计进行测试(电位差计的使用方法见“4.3 电化学测量仪器”),其测试方法如下:

① 标准电池电动势测定:首先将标准电池的“+”“—”极连接到电位差计的外标插孔,测量旋钮旋转外标。再根据测试温度计算标准电池的电动势:

$$E_t=[1.0186-4.06\times10^{-5}(t-20)-9.5\times10^{-7}(t-20)^2]\ \mathrm{V}$$

然后从大到小依次调节 10^0、10^{-1}、10^{-2}、10^{-3}、10^{-4}五个旋钮和补偿旋钮,使电位显示值与计算的标准电动势数值相同。如果检零显示仍有数值,按“采零”按钮检零显示值为“0000”。以上测试称为外标法。

也可以选择内标法进行标准电池的测定。即选择电位差计内设的电池,其电动势数值为

1.0000 V，无需连接标准电池。测量时，将测量旋钮旋转到内标，然后将电位差计的“＋”“－”连接孔用导线连接在一起。最后从大到小依次调节 10^0、10^{-1}、10^{-2}、10^{-3}、10^{-4} 五个旋钮和补偿旋钮，使电位显示值为 1.0000 V。如果检零显示仍有数值，按“采零”按钮检零显示值为“0000”。本实验采用内标法。

② 测量待测电池电动势：先根据电池公式，计算理论的电动势。再将组装好的待测电池的“＋”“－”极连接到电位差仪插孔中，然后将测量选择旋钮置于“测量”。根据理论电动势计算结果，调节 10^0、10^{-1}、10^{-2}、10^{-3}、10^{-4} 五个旋钮，使检零显示值尽量最小。再调节补偿旋钮使检零显示值为“0000”。此时电位差计指示数值即为被测电池的电动势。重复上述步骤，每隔 2 min 测量一次，每组电池测定 3 次。分别测定 3 组电池的电动势，数据记录在表格中。

五、数据记录和处理

(1) 将实验温度及 3 个电池电动势的测定值填入下表：

实验温度：______ ℃；　　大气压：______ kPa。

待测电池	理论电动势/V	测量电动势/V（每组测 3 次）			
		1	2	3	平均值
①					
②					
③					

(2) 为了比较方便起见，可采用下式求出 298 K 时的标准电极电势 $E^{\ominus}_{298\ \mathrm{K}}$：

$$E^{\ominus}_{T}=E^{\ominus}_{298\ \mathrm{K}}+\alpha(T-298\ \mathrm{K})+\frac{1}{2}\beta(T-298\ \mathrm{K})^2$$

式中：α，β 为电极电势的温度系数。

对于 Cu-Zn 电池来说，铜电极：

$$(\mathrm{Cu}^{2+},\mathrm{Cu}),\quad \alpha=-0.016\times10^{-3}\ \mathrm{V\cdot K^{-1}},\quad \beta=0$$

锌电极：

$$[\mathrm{Zn}^{2+},\mathrm{Zn(Hg)}],\quad \alpha=-0.100\times10^{-3}\ \mathrm{V\cdot K^{-1}},\quad \beta=0.62\times10^{-6}\ \mathrm{V\cdot K^{-1}}$$

根据式(2-9-2)、式(2-9-1)计算测试温度下铜、锌电极的电势，注意用活度来计算。另外，根据饱和甘汞电极的电势与温度的关系式

$$E_{饱和甘汞}=[0.2415-7.61\times10^{-4}(t-25)]\ \mathrm{V} \qquad (2\text{-}9\text{-}4)$$

计算饱和甘汞电极的电势。

(3) 根据待测电池②、③的实测电动势以及饱和甘汞电极的电势，求出铜、锌电极的电势。

$$E_{\mathrm{T}}(\mathrm{ZnSO_4}(0.1000\ \mathrm{mol\cdot L^{-1}}))=\varphi_{饱和甘汞}-E(②)$$

$$E_{\mathrm{T}}(\mathrm{CuSO_4}(0.1000\ \mathrm{mol\cdot L^{-1}}))=E(③)+\varphi_{饱和甘汞}$$

再根据理论计算的铜电极和锌电极的电极电势，计算相对误差。

六、思考题

(1) 对消法测量电池电动势的主要原理是什么?

(2) 在原电池电动势的测定实验中,制备电极时为什么电极的虹吸管内(包括管口)不能有气泡?

(3) 能否用伏特计测定原电池的电动势? 为什么?

实验 2-10 电导率的测定及其应用

一、实验目的

(1) 掌握电导率仪的测量原理和使用方法。

(2) 用电导法测量醋酸在水溶液中的解离平衡常数 K_a。

二、实验原理

(1) 电解质溶液的导电能力通常用电导 G 表示，其单位是西门子，用符号 S 表示。如将电解质溶液中放入两平行电极，电极间距离为 l，电极面积为 A，则电导可以表示为

$$G=\kappa \frac{A}{l} \tag{2-10-1}$$

式中：κ 为电解质溶液的电导率，单位为 $S \cdot m^{-1}$；l/A 为电导池常数，单位为 m^{-1}。

电导率的值与温度、浓度、溶液组成及电解质的种类有关。

在研究电解质溶液的导电能力时，常用摩尔电导率 Λ_m 来表示，其单位为 $S \cdot m^2 \cdot mol^{-1}$。$\Lambda_m$ 与电导率 κ 和溶液浓度 c 的关系如下：

$$\Lambda_m=\frac{\kappa}{c} \tag{2-10-2}$$

(2) 摩尔电导率 Λ_m 随着浓度的降低而增加。对强电解质而言，其变化规律可以用科尔劳斯(Kohlrausch)经验式表示：

$$\Lambda_m=\Lambda_m^{\infty}-A\sqrt{c} \tag{2-10-3}$$

式中：Λ_m^{∞} 为无限稀释摩尔电导率。

在一定温度下，对特定的电解质和溶剂来说，A 为一常数。因此，将摩尔电导率 Λ_m 对$\sqrt{c}$作图得一直线，将直线外推与纵坐标的交点即为无限稀释摩尔电导率 Λ_m^{∞}。

(3) 醋酸在水溶液中存在以下平衡，设醋酸的初始浓度为 c，解离度为 α，则

	$HAc \rightleftharpoons Ac^-$		$+ \quad H^+$
解离前	c	0	0
解离平衡	$c(1-\alpha)$	$c\alpha$	$c\alpha$

则其解离常数为

$$K_a=\frac{[H^+][Ac^-]}{[HAc]}=\frac{c\alpha \cdot c\alpha}{c(1-\alpha)} \tag{2-10-4}$$

对于弱电解质，其部分解离，对电导有贡献的只是已解离的部分，溶液中离子浓度又很低，故可以认为已解离的离子具有独立运动性，近似有

$$\alpha=\frac{\Lambda_m}{\Lambda_m^{\infty}} \tag{2-10-5}$$

式中：Λ_m，Λ_m^{∞} 分别为醋酸的摩尔电导率和极限摩尔电导率，其中 $\Lambda_m=\frac{\kappa}{c}$，$\kappa$ 为电导率，可直接

由电导率仪测定，Λ_m^∞ 为一常数，可由文献查得。将式(2-10-5)代入式(2-10-4)得

$$\frac{c}{\kappa}=\frac{1}{\Lambda_m^\infty}+\frac{\kappa}{K_a\Lambda_m^{\infty 2}}$$

即

$$\frac{1}{\Lambda_m}=\frac{1}{\Lambda_m^\infty}+\frac{c\Lambda_m}{K_a\Lambda_m^{\infty 2}} \tag{2-10-6}$$

以$\frac{1}{\Lambda_m}$对 $c\Lambda_m$ 作图可得一直线，由直线斜率$\frac{1}{K_a\Lambda_m^{\infty 2}}$可计算解离平衡常数 K_a。

三、仪器与试剂

DDS-307 型电导率仪，恒温水浴槽，电导电极 1 个，20 mL 吸量管 1 支，25 mL 移液管 1 支；100 mL 容量瓶 1 个，50 mL 容量瓶 6 个，酸式滴定管，导电测试大试管，洗耳球，滤纸。

冰醋酸，去离子水。

四、实验内容

(1) 接通电导率仪电源，打开电源开关预热半小时，调节恒温槽的温度至 25 ℃±0.1 ℃。

(2) 洗净玻璃容器。

(3) 根据纯冰醋酸，配置浓度为 0.4 $mol\cdot L^{-1}$的 HAc 溶液 100 mL。将配置好的 0.4 $mol\cdot L^{-1}$醋酸标准溶液倒入酸式滴定管中，配制下列浓度的稀 HAc 溶液各 50 mL：0.01，0.02，0.04，0.06，0.08，0.10（单位为 $mol\cdot L^{-1}$）。

(4) 将配置的不同浓度 HAc 溶液转入导电测试大试管中，由稀到浓依次放入恒温水浴槽中 5～10 min，并用电导电极分别测量每种溶液的电导率（电导率的使用参见“4.3 电化学测量仪器”）。注意：每次测量时将电导电极用去离子水淋洗 3 次，用滤纸吸干，再放入待测溶液中，测定各溶液的电导率；每种溶液测试 3 次，测试间隔时间 2～5 min，取平均值，记录数据。

(5) 实验完毕，用去离子水清洗玻璃仪器，将电导电极浸入去离子水中保存。

(6) 清洗所用仪器，整理实验台。

五、数据记录与处理

(1) 将数据记录于下表。

$c/(mol\cdot L^{-1})$	$\kappa/S\cdot m^{-1}$				$\Lambda_m/(S\cdot m^2\cdot mol^{-1})$	$\frac{1}{\Lambda_m}$	$c\Lambda_m$
	1	2	3	平均值			
0.01							
0.02							
0.04							
0.06							

续表

$c/(mol \cdot L^{-1})$	$k/S \cdot m^{-1}$				$\Lambda_m/(S \cdot m^2 \cdot mol^{-1})$	$\frac{1}{\Lambda_m}$	$c\Lambda_m$
	1	2	3	平均值			
0.08							
0.10							

(2) 数据处理。

① 由文献值求得 Λ_m^{∞}；

② 以$\frac{1}{\Lambda_m}$对 $c\Lambda_m$ 作图；

③ 计算解离平衡常数 K_a(根据文献参考值计算为 1.86×10^{-5})。

六、思考题

(1) 在用电导法测醋酸的解离平衡常数实验中，测电导率时为什么要保持恒温？实验中测电导池常数和溶液电导率，温度是否要一致？

(2) 改变所测醋酸溶液的浓度或温度，则解离度和解离平衡常数有无变化？若有变化，会有怎样的变化？

(3) 在电导法测醋酸的解离平衡常数实验中，影响准确测定结果的因素有哪些？

实验 2-11　电动势法测定溶液的 pH 值

一、实验目的

(1) 巩固原电池电动势的测定方法。

(2) 理解电动势法测定溶液 pH 值的原理及测定方法。

二、实验原理

电动势法可以用来测定溶液的 pH 值，其原理是将一个与氢离子活度有关的指示电极与另一参比电极放在被测溶液中构成电池，然后测定该电池的电动势 E。由于参比电极电势恒定，该电池的电动势的数值就只与被测溶液中的氢离子活度有关，于是可根据 E 的数值计算溶液的 pH 值。

常用的氢离子指示电极有玻璃电极、氢电极及醌-氢醌电极。本实验用醌-氢醌电极作为指示电极。醌-氢醌(分子式 $C_6H_4O_2 \cdot C_6H_4(OH)_2$，简写为 $Q \cdot H_2Q$)在酸性水溶液中的溶解度很小，将此少量化合物加入待测溶液中，并插入一光亮铂电极构成一个醌-氢醌电极，其电极反应为

$$C_6H_4O_2 + 2H^+ + 2e \longrightarrow C_6H_4(OH)_2$$

其电极电势为

$$E_{Q/H_2Q} = E^{\ominus}_{Q/H_2Q} - \frac{RT}{2F}\ln\frac{a_{H_2Q}}{a_Q a_{H^+}^2} \tag{2-11-1}$$

由于醌 Q 和氢醌 H_2Q 在水溶液中的溶解度非常小，近似看作理想稀溶液，其活度 $a_Q = a_{H_2Q}$，所以对于相等浓度的醌-氢醌电极，有

$$E_{Q/H_2Q} = E^{\ominus}_{Q/H_2Q} + \frac{RT}{F}\ln a_{H^+} = E^{\ominus}_{Q/H_2Q} - \frac{2.303RT}{F}\mathrm{pH} \tag{2-11-2}$$

若用饱和甘汞电极作参比电极，当溶液的 pH<7.7 时，醌-氢醌为还原电极(正极)，所组成的原电池的表达式如下：

$$\mathrm{Hg(l)},\ \mathrm{Hg_2Cl_2(s)}\,|\,\mathrm{KCl}(饱和)\,|\,待测液(为\ Q \cdot H_2Q\ 所饱和)\,|\,\mathrm{Pt}$$

此电池的电动势为

$$E_{待测} = E_{Q/H_2Q} - E_{甘汞} = \left(E^{\ominus}_{Q/H_2Q} - \frac{2.303RT}{F}\mathrm{pH}\right) - E_{甘汞} \tag{2-11-3}$$

所以计算得到

$$\mathrm{pH} = \frac{E^{\ominus}_{Q/H_2Q} - E_{甘汞} - E_{待测}}{\dfrac{2.303RT}{F}} \tag{2-11-4}$$

式中：$E^{\ominus}_{Q/H_2Q} = 0.6994 - 0.00074(t-25)$，$E_{甘汞} = 0.2415 - 0.00076(t-25)$，$t$ 为实验的测试温度。

如果当溶液的 7.7<pH<8.5 时，醌-氢醌电极为氧化电极(负极)。由于 pH>8.5 时，氢

醌会发生电离，碱性溶液中容易氧化，故不能用于 pH>8.5 的溶液，也不能在含硼酸盐的溶液中（生成配合物）和含强氧化剂的溶液中使用。

三、仪器与试剂

数字电位差综合测试仪 1 台，铂电极 1 个，饱和甘汞电极 1 个，半电池 2 个，小烧杯 3 个，吸耳球 1 个，pH 计 1 台。

饱和 KCl 溶液，待测液 1（配置 0.5 $mol \cdot L^{-1}$ 醋酸-醋酸钠缓冲溶液），待测液 2（用 8.34 g 磷酸二氢钾和 0.87 g 磷酸氢二钾加入去离子水中，配置成 1000 mL），待测液 3（取 0.2 $mol \cdot L^{-1}$ 磷酸二氢钾溶液 250 mL，加 0.2 $mol \cdot L^{-1}$ 氢氧化钠溶液 118 mL，用去离子水稀释至 1000 mL），醌-氢醌晶体。

实验装置如图 2-11-1 所示。

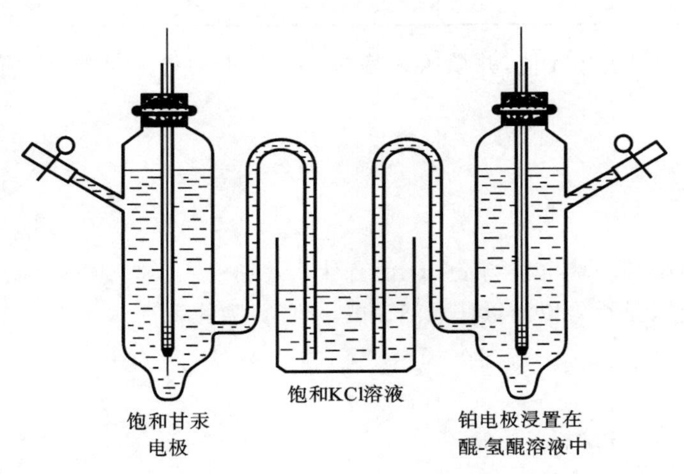

图 2-11-1 实验装置图

四、实验内容

（1）取待测溶液 1，加入少许 $Q \cdot H_2Q$ 固体，充分搅拌使其溶解达到饱和，然后插入铂电极而构成醌-氢醌电极作正极。把饱和甘汞电极插入待测液中作负极，与 $Q \cdot H_2Q$ 电极组成待测原电池。

（2）用电位差计测定上述电池的电动势，重复 3 次。测量过程详见“实验 2-9 原电池电动势的测定”。

（3）用去离子水冲洗铂电极及甘汞电极外壁，并用滤纸擦干，浸入待测溶液 2 中组成电池，测定电动势，重复 3 次。

（4）再次用去离子水冲洗铂电极及甘汞电极外壁，并用滤纸擦干，浸入待测溶液 3 中组成电池，测定电动势，重复 3 次。

（5）用 pH 计测定上述溶液的 pH 值，与电动势法测定的 pH 值进行比较。

五、数据记录与处理

将数据记录于下表中。

溶液 电动势、pH 值	1	2	3
测定值①/V			
测定值②/V			
测定值③/V			
平均值/V			
实际测定的 pH 值			
pH 计测定 pH 值			

根据测定电动势计算 pH 值，并填入表格中。比较电动势测定的 pH 值与 pH 计测定的 pH 值的误差。

六、思考题

(1) 醌-氢醌电极与玻璃电极测量 pH 值有什么差别?

(2) 醌-氢醌电极是否可以测量任意溶液的 pH 值，为什么?

实验 2-12　电动势法测定化学反应的热力学函数

一、实验目的

(1) 掌握电位差计的测定原理，巩固原电池电动势的测定方法。

(2) 测定电池在不同温度下的电动势，计算电池反应的热力学函数 $\Delta_r G_m$、$\Delta_r H_m$ 和 $\Delta_r S_m$。

二、实验原理

(1) 原电池工作原理。

电池在放电过程中，正极上发生还原反应，负极则发生氧化反应，电池反应是电池中所有反应的总和。

对于电池 $Zn(s)|ZnCl_2(0.1\ mol/kg)\ \vdots\ KCl|AgCl|Ag(s)$，该电池的化学反应式为

$$Zn + 2AgCl(s) \longrightarrow ZnCl_2(b) + 2Ag(s)$$

负极的电极反应为

$$Zn - 2e^- \longrightarrow Zn^{2+}(a_{Zn^{2+}})$$

正极的电极反应为

$$2AgCl(s) + 2e^- \longrightarrow 2Ag(s) + Cl^-(a_{Cl^-})$$

电池电动势

$$\begin{aligned} E &= E_{AgCl|Ag} - E_{Zn^{2+}|Zn} \\ &= E^{\ominus}_{AgCl|Ag} - \frac{RT}{2F}\ln a_{Cl^-} - \left(E^{\ominus}_{Zn^{2+}|Zn} - \frac{RT}{2F}\ln a_{Zn^{2+}}\right) \end{aligned}$$

从而可以算出该电池电动势的理论值。但如果需要从实验的角度测量该电池的电动势，则必须利用对消电路法测出电池的电动势(原理见实验 2-9)。

(2) 如何从电动势法测定化学反应的 $\Delta_r G_m$、$\Delta_r S_m$、$\Delta_r H_m$？

电池除可用作电源外，还可用它来研究电池反应的热力学性质。由化学热力学可知，在恒温、恒压、可逆条件下，电池反应有以下关系：

$$\Delta_r G_m = -nFE \tag{2-12-1}$$

根据吉布斯-亥姆霍兹公式，有

$$\Delta_r S_m = nF\left(\frac{\partial E}{\partial T}\right)_p \tag{2-12-2}$$

$$\Delta_r H_m = -nFE + nFT\left(\frac{\partial E}{\partial T}\right)_p \tag{2-12-3}$$

式中：F 为法拉第(Faraday)常数；n 为电极反应式中电子的计量系数；E 为电池的电

动势。

通过对消电路法测量电池在各个温度下的电动势，作 E-T 图，由曲线斜率可求得任一温度下的 $\left(\frac{\partial E}{\partial T}\right)_p$，再根据 $\Delta_r G_m$、$\Delta_r S_m$、$\Delta_r H_m$ 的计算公式求出热力学函数。

三、仪器与试剂

SDC 数字电位差计 1 台，锌电极 1 支，银-氯化银电极 1 支，电池杯 1 个，超级恒温槽 1 台。

氯化锌水溶液，去离子水。

四、实验内容

(1) 电极处理：先用砂纸将锌电极的表面上的氧化物磨掉，再用蒸馏水清洗，然后浸入稀硝酸溶液约 3 min 取出，用蒸馏水清洗，最后将其插入到干净的电池杯中。饱和 Ag/AgCl 电极，观察是否有气泡，溶液是否充足。

(2) 在电池杯中加入约 40 mL$ZnCl_2$溶液，然后将锌电极和饱和 Ag/AgCl 电极插入到带有多孔塞的电池杯中。

(3) 将导线处的夹子接口进行微打磨，确保夹子没有锈迹。

(4) 将电池杯的上端口接入恒温水槽的“进水口”，电池杯的下端口接入恒温水槽的“出水口”，接入循环水。

(5) 对恒温水槽进行温度设定，回差调为“0.1”，依次进行 25 °C、30 °C、35 °C、40 °C、45 °C 原电池电动势测定。

(6) 选择内标法进行电池的测定。测量时，首先将测量旋钮旋转到内标，然后将电位差计的“＋”“－”连接孔用导线连在一起，最后从大到小依次调节 10^0、10^{-1}、10^{-2}、10^{-3}、10^{-4} 五个旋钮和补偿旋钮，使电位显示值为 1.0000 V。如果检零显示仍有数值，按“采零”按钮检零显示值为“0000”。本实验采用内标法。

(7) 测量待测电池电动势：现根据电池公式，计算理论的电动势。再将组装好的电池正确接到数字电位差计(锌电极作负极，连接电位差计的“－”连接孔，饱和 Ag/AgCl 作正极，连接电位差计的“＋”连接孔)，然后将测量选择钮置于“测量”。根据理论电动势计算结果，调节 10^0、10^{-1}、10^{-2}、10^{-3}、10^{-4} 五个旋钮，使检零显示值尽量最小(10 以下)，再调节补偿旋钮使检零显示值“0000”，此时电位差计指示数值即为被测电池的电动势。重复上述步骤，每隔 2 min 测一次，每组测定 3 次。

(8) 测定完毕后，将电极取出清洗干净，整理好其他仪器，恢复到实验初始的状态。

五、数据记录与处理

(1) 将实验数据记录于下表中。

温度/℃		25	30	35	40	45
电动势	测定值①/V					
	测定值②/V					
	测定值③/V					
	平均值/V					
$\left(\frac{\partial E}{\partial T}\right)_p$/(V·K^{-1})						
$\Delta_r G_m$/(kJ·mol^{-1})						
$\Delta_r S_m$/(J·K^{-1})						
$\Delta_r H_m$/(kJ·mol^{-1})						

(2) 以电动势 E 为纵坐标，以温度 T 为横坐标，根据 $E=AT^2+BT+C$ 的关系式，拟合 E-T 关系图。

(3) 根据 E-T 拟合关系式，求出 298 K 时的温度系数 $\left(\frac{\partial E}{\partial T}\right)_p$，计算该电池反应的出 $\Delta_r G_m$、$\Delta_r S_m$、$\Delta_r H_m$。

六、思考题

(1) 用测电动势的方法求热力学函数有何优越性？

(2) 如何用所测定的电池电动势数据来计算电池反应的热力学函数变化值？

(3) 本实验中的电池电动势与电池中氯化钾溶液的浓度是否有关？为什么？

实验 2-13　蔗糖水解的动力学常数测定

一、实验目的

(1) 了解旋光仪的基本原理，掌握旋光仪的正确操作过程。
(2) 了解该反应物浓度与旋光度之间的关系。
(3) 测定蔗糖在酸存在下的反应速率常数。

二、实验原理

一切单糖都含有不对称的碳原子，因而都具有旋光能力，能使偏振光平面向左旋转的称为左旋糖，反之称为右旋糖。蔗糖水溶液在有氢离子存在时的水解反应为

$$\underset{\text{蔗糖，右旋}}{C_{12}H_{22}O_{11}} + H_2O \xrightarrow{H^+} \underset{\text{葡萄糖，右旋}}{C_6H_{12}O_6} + \underset{\text{果糖，左旋}}{C_6H_{12}O_6}$$

当氢离子浓度一定，蔗糖溶液较稀时，其水解为假一级反应，速率方程为

$$-\frac{dc(C_{12}H_{22}O_{11})}{dt} = k \cdot c(C_{12}H_{22}O_{11}) \tag{2-13-1}$$

积分得

$$\ln\frac{c_0}{c_t} = kt \tag{2-13-2}$$

式中：c_0 为蔗糖的初始浓度，c_t 为 t min 时蔗糖的浓度，k 为常数。

蔗糖及其水解产物是旋光性物质。本实验就是利用反应体系在水解过程中旋光性质的变化来跟踪反应进程。所谓物质的旋光性是指它们可以使一束偏振光的偏振面旋转一定角度，所旋转的角度称旋光度 α。对含有旋光性物质的溶液，其旋光度的大小与旋光性物质的本性、溶剂、入射光波长、溶液的浓度和厚度以及温度等因素有关。为了比较不同物质的旋光能力，引入了比旋光度$[\alpha]_\lambda^t$ 这一概念，其定义式为

$$[\alpha]_\lambda^t = \frac{\alpha}{lc} \tag{2-13-3}$$

式中：t 为实验温度，λ 为光源的波长（常用钠光，用 D 表示，其波长为 589 nm），α 为旋光度，l 为旋光管的长度，c 为溶液的浓度。

蔗糖、葡萄糖和果糖的比旋光度分别为

蔗糖$[\alpha]_D^{20}=66.65°$，　葡萄糖$[\alpha]_D^{20}=52.5°$，　果糖$[\alpha]_D^{20}=-91.9°$

正值表示右旋，负值表示左旋。由于生成物中果糖的左旋性比葡萄糖的右旋性大，因此随着水解反应的进行，溶液的右旋角逐渐减小，最后经过零点变成左旋。

设开始时的溶液旋光度为 α_0，经 t min 后变为 α_t，反应终止时为 α_∞。当测定在同一台仪器、同一光源、同一长度的旋光管中进行时，则旋光度的改变正比于浓度的改变，且比例系数相同。

当反应进行到某一时刻，体系的旋光度经过零点，然后左旋角不断增加。当蔗糖完全转化时，左旋角达到最大值 α_∞。

设蔗糖尚未转化时，体系最初的旋光度为

$$\alpha_0 = K_{反} c_0 \tag{2-13-4}$$

最终系统的旋光度为

$$\alpha_\infty = K_{生} c_0 \tag{2-13-5}$$

当时间为 t 时，蔗糖浓度为 c，此时旋光度为 α_t，则

$$\alpha_t = K_{反} c + K_{生}(c_0 - c) \tag{2-13-6}$$

联立式(2-13-4)、式(2-13-5)、式(2-13-6)可得

$$c_0 = \frac{\alpha_0 - \alpha_\infty}{K_{反} - K_{生}} = K(\alpha_0 - \alpha_\infty) \tag{2-13-7}$$

$$c_t = \frac{\alpha_t - \alpha_\infty}{K_{反} - K_{生}} = K(\alpha_t - \alpha_\infty) \tag{2-13-8}$$

将式(2-13-7)、式(2-13-8)代入速率方程得

$$(c_0 - c_\infty) \propto (\alpha_0 - \alpha_\infty), \quad (c_t - c_\infty) \propto (\alpha_t - \alpha_\infty)$$

故 $\frac{c_0}{c_t} = \frac{\alpha_0 - \alpha_\infty}{\alpha_t - \alpha_\infty}$，将该式代入 $\ln \frac{c_0}{c_t} = kt$，得

$$k = \frac{1}{t}\ln\frac{c_0}{c_t} = \frac{1}{t}\ln\frac{\alpha_0 - \alpha_\infty}{\alpha_t - \alpha_\infty}, \quad \alpha_0 - \alpha_\infty \text{为常数}$$

即

$$\ln(\alpha_t - \alpha_\infty) = -kt + \ln(\alpha_0 - \alpha_\infty) \tag{2-13-9}$$

利用 $\ln(\alpha_t - \alpha_\infty)$ 对 t 作图得直线，由其斜率 $m = -k$，可算出速率常数 k。

三、仪器与试剂

自动旋光仪 1 台，恒温水浴槽，托盘天平，秒表 1 块，旋光管 1 个，玻棒 1 个，25 mL 移液管 1 支，50 mL 量筒 1 个，洗瓶 1 个，洗耳球 1 个，100 mL 碘量瓶 1 个，50 mL 烧杯 1 个。

蔗糖，3 mol · L^{-1} 盐酸，去离子水。

四、实验内容

(1) 将自动旋光仪开关打开，预热 15～30 min。自动旋光仪使用方法参阅“4.4 光学测量仪器”。打开恒温水浴槽开关，将其温度设定为 55 ℃±0.1 ℃。

(2) 仪器零点校正。注入去离子水，使液面在旋光管口形成一凸面，将玻片从正上方盖下，再盖上盖，用螺帽旋紧，保证不漏液或不产生气泡（若有小气泡，将其赶到旋光管的凸出部分），注意旋拧螺帽时不要过分用力，以不漏为准。用擦镜纸擦净旋光管两端玻璃片，同时擦干旋光管外壁，然后放入旋光仪中。预热好后，按触摸屏上“清零”键，使其显示为零。

(3) 蔗糖水解中 α_t 的测定。

① 蔗糖溶液的制备：用量筒量取 25 mL 去离子水，用托盘天平称约 5 g 蔗糖，加入去离子水中搅拌至完全溶解后，再倒入 100 mL 锥形瓶中。

② 用 25 mL 移液管吸取 25 mL 3 mol · L^{-1} 盐酸于碘量瓶中，及时按下秒表，记录反应开

始时间。

③ 混合均匀，尽快用此溶液润洗旋光管后立即装满旋光管，盖上玻片并放入旋光仪中测定旋光度。前 15 min 每 5 min 测一次 α_t，以后每 15 min 测一次 α_t，经过 1 h 后结束测量。

④ α_∞ 的测定：将碘量瓶中剩余的反应体系放入 55 ℃的恒温水浴中，约 1 h 后冷却至室温测 α_∞。

五、数据记录与处理

(1) 将实验数据记录在下列表格中。

实验温度：______ ℃。

时间 t/min	5	10	15	30	45	60	∞
α_t							
$\ln(\alpha_t-\alpha_\infty)$							—

(2) 以 $\ln(\alpha_t-\alpha_\infty)$ 为纵坐标，t 为横坐标作图，从所得直线斜率求出反应速率常数 k（k 的单位为 min^{-1}）。

(3) 查阅资料，将所测数据与文献比对，分析实验产生的误差。

六、思考题

(1) 本实验是否一定需要校正旋光仪的零点？

(2) 如果实验所用蔗糖不纯，对实验有什么影响？

实验 2-14　乙酸乙酯皂化反应速率常数及活化能的测定

一、实验目的

(1) 了解电导法测定皂化反应速度常数及活化能的原理。

(2) 了解二级反应动力学的特点，学会用图解法测量速率常数。

(3) 熟悉电导率仪的使用方法。

二、实验原理

乙酸乙酯皂化反应是一个典型的二级反应：

$$CH_3COOC_2H_5 + OH^- \longrightarrow CH_3COO^- + C_2H_5OH$$

其反应速度可用下式表示：

$$\frac{dx}{dt} = k(a-x)(b-x) \tag{2-14-1}$$

式中：a，b 分别表示两反应物的初始浓度；x 表示经过时间 t 反应物减少的浓度；k 表示反应速率常数。

当初始浓度相同即 $a=b$ 时，

$$\frac{dx}{dt} = k(a-x)^2$$

对上式积分得

$$k = \frac{1}{ta} \cdot \frac{x}{a-x} \tag{2-14-2}$$

随着皂化反应的进行，溶液中导电能力强的 OH^- 逐渐被导电能力弱的 CH_3COO^- 所取代，溶液的电导率逐渐减小。本实验用电导率仪测定皂化反应进程中电导率随时间的变化，从而达到跟踪反应物浓度随时间变化的目的。

令 κ_0，κ_t，κ_∞ 分别表示时间为 0，t 和 ∞（即反应完毕）时体系的电导率，则

$$x \propto (\kappa_0 - \kappa_t), \quad a \propto (\kappa_0 - \kappa_\infty), \quad (a-x) \propto (\kappa_t - \kappa_\infty)$$

代入式(2-14-2)，得

$$k = \frac{1}{t \cdot a} \cdot \frac{\kappa_0 - \kappa_t}{\kappa_t - \kappa_\infty}$$

$$\kappa_t = \frac{1}{ka} \cdot \frac{\kappa_0 - \kappa_t}{t} + \kappa_\infty \tag{2-14-3}$$

所以，以 κ_t 对 $\frac{\kappa_0 - \kappa_t}{t}$ 作图可得一直线，其斜率等于 $\frac{1}{ka}$，由此可得反应速率常数 k。

活化能测定原理：温度对化学反应速率的影响常用阿伦尼乌斯方程描述：

$$\frac{d\ln k}{dT} = \frac{E_a}{RT^2} \tag{2-14-4}$$

式中：E_a 为反应的活化能。假定活化能是常数，测定了两个不同温度下的速率常数 $k(T_1)$ 和 $k(T_2)$ 后可以计算反应的活化能 E_a，即

$$E_a = \ln\frac{k(T_2)}{k(T_1)} \cdot R\left(\frac{T_1T_2}{T_2-T_1}\right) \tag{2-14-5}$$

三、仪器与试剂

DDS-307 型电导率仪 1 台，电导电极 1 个，25 mL 移液管 3 支，秒表，带底座大试管 1 个，仰角管 1 个。

0.02000 $mol \cdot dm^{-3}$ NaOH 标准溶液，乙酸乙酯（A. R.）。

实验装置如图 2-14-1 所示。

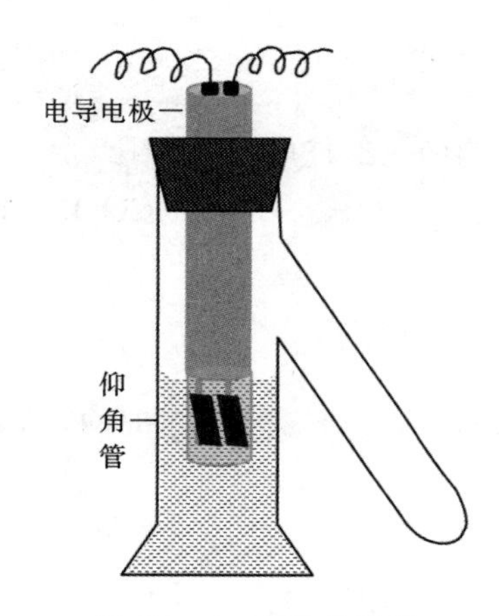

图 2-14-1　实验装置图

四、实验步骤

（1）先按乙酸乙酯的密度（乙酸乙酯的密度公式为 $\rho=924.54-1.168t-1.95\times10^{-3}t^2$，其中 ρ、t 的单位分别为 $kg \cdot m^{-3}$ 和℃）及摩尔质量计算与已标定好的 0.02000 $mol \cdot dm^{-3}$ NaOH 标准溶液浓度相同的乙酸乙酯 100 mL 溶液所需纯乙酸乙酯的体积，然后于 100 mL 容量瓶中装满 2/3 容积的蒸馏水，最后用 1 mL 移液管从乙酸乙酯试剂瓶中吸取所需乙酸乙酯加入容量瓶中，加水至刻度处，混合均匀。

（2）κ_0 的测定。

调恒温槽温度至 25 ℃，在一干燥清洁的带底座大试管中，由移液管注入蒸馏水及氢氧化钠溶液各 25 mL，插入电极，将此试管插入稳定座内，然后置于恒温槽中，恒温约 10 min。调节电导率仪并开始测量。

（3）κ_t 的测定。

用移液管吸取 NaOH 溶液和配制好的乙酸乙酯溶液各 25 mL，分别注入仰角管的两管中（注意勿使溶液混合），用橡皮塞将管口塞紧，然后插入稳定座，置于恒温槽中，待温度达到平衡后，迅速将电导管内的两种溶液混合均匀（将溶液来回倾倒 3～4 次），并同时按下秒表记录反

应时间，将已用蒸馏水淋洗并用试纸小心吸干的电导电极（滤纸勿触及电极上的铂黑）插入恒温槽中的仰角管内进行电导-时间测定，每隔 2 min 测量一次，10 min 后每隔 5 min 测量一次，反应进行到 40 min 后可以停止测量（见图 2-14-1）。

（4）改变恒温槽的温度，再测 κ_t。（选做）

将恒温槽温度调至 35 ℃，重复实验步骤（2）、（3），记录不同时间的溶液电导率数值。

（5）实验完毕，取出电导电极，用蒸馏水淋洗后养护于蒸馏水中，处理好仰角管中的反应液，将管洗净。

五、数据记录与处理

（1）按下表记录实验数据。

室温：____________；κ_0 = ____________。

t/min	2	4	6	8	10	15	20	25	30	35	40
$\kappa_t/(\mu S \cdot cm^{-1})$											
$\kappa_0 - \kappa_t$											
$(\kappa_0 - \kappa_t)/t$											

（2）以 κ_t 对 $(\kappa_0 - \kappa_t)/t$ 作图，由所得直线的斜率求出反应速率常数 k（注意 k 单位为 $L \cdot mol^{-1} \cdot min^{-1}$）。

（3）由 k 及 a 计算该反应的半衰期 $t_{1/2}$：

$$t_{1/2} = \frac{1}{ka}$$

（4）根据 35 ℃时的实验数据作图并求出 35 ℃的反应速率常数 k，再根据式（2-14-5）求出反应的活化能。

六、思考题

（1）被测溶液的电导是哪些离子的贡献？反应进程中溶液的电导率为何发生变化？

（2）为什么要使两种反应物的浓度相等？如何配制指定浓度的溶液？

（3）为什么要使两种溶液尽快混合完毕？开始一段时间的测定间隔为什么要短？

（4）用作图外推法求 κ_0 与实验所测定的 κ_0 是否一致？

实验 2-15　过氧化氢催化分解速率常数的测定

一、实验目的

(1) 测定一级反应速率常数 k,验证反应速率常数 k 与反应物浓度无关。

(2) 通过改变催化剂浓度实验,得出反应速率常数 k 与催化剂浓度有关。

二、实验原理

H_2O_2 在常温条件下缓慢分解,在有催化剂的条件下,分解速率明显加快,其反应的方程式为

$$H_2O_2 = H_2O + \frac{1}{2}O_2$$

在有催化剂(如 KI)的条件下,其反应机理为

$$H_2O_2 + KI \longrightarrow KIO + H_2O \tag{2-15-1}$$

$$KIO \longrightarrow KI + \frac{1}{2}O_2 \tag{2-15-2}$$

其中,式(2-15-1)的反应速度比式(2-15-2)的反应速度慢,所以 H_2O_2 催化分解反应的速度主要由式(2-15-1)决定。如果假设该反应为一级反应,其反应速度式如下:

$$-\frac{dc_{H_2O_2}}{dt} = k' c_{KI} c_{H_2O_2} \tag{2-15-3}$$

在反应的过程中,由于 KI 不断再生,故其浓度不变,与 k' 合并仍为常数,令其等于 k,上式可简化为

$$-\frac{dc_{H_2O_2}}{dt} = k c_{H_2O_2} \tag{2-15-4}$$

积分得

$$\ln \frac{c_t}{c_0} = -kt \tag{2-15-5}$$

式中:c_0——H_2O_2 的初始浓度;

c_t——反应到 t 时刻的 H_2O_2 浓度;

k——KI 作用下, H_2O_2 催化分解反应速率常数。

反应速率的大小可用 k 表示,也可用半衰期 $t_{1/2}$ 表示。半衰期表示反应物浓度减少一半时所需的时间,即 $c_t = c_0/2$,代入式(2-15-5)得

$$t_{1/2} = \frac{\ln 2}{k} \tag{2-15-6}$$

关于 t 时刻的 H_2O_2 浓度的求法有多种,本实验采用的是通过测量反应所生成的氧的体积来表示,因为在分解的过程中,在一定时间内所产生的氧的体积与已分解的 H_2O_2 的浓度成正比,其比例常数是一定值,即

$$H_2O_2 \longrightarrow H_2O + \frac{1}{2}O_2$$

$$t=0 \qquad c_0 \qquad 0 \qquad 0$$

$$t=t \qquad c_t=c_0-x \qquad x \qquad \frac{1}{2}x$$

$$c_t=K(V_\infty-V_t)$$

$$c_0=KV_\infty$$

式中：V_∞——H_2O_2 全部分解所产生的氧气的体积；

V_t——反应到 t 时刻所产生的氧气的体积；

x——反应到 t 时刻 H_2O_2 已分解的浓度；

K——比例常数。

将上式代入速度方程式(2-15-5)中，可得

$$\ln\frac{c_t}{c_0}=\ln\frac{V_\infty-V_t}{V_\infty}=-kt$$

即

$$\ln(V_\infty-V_t)=-kt+\ln V_\infty \qquad (2\text{-}15\text{-}7)$$

如果以 t 为横坐标，以 $\ln(V_\infty-V_t)$ 为纵坐标，若得到一直线，即可验证 H_2O_2 催化分解反应为一级反应，由直线的斜率即可求出速率常数 k 值。

而 V_∞ 可通过测定 H_2O_2 的初始浓度计算得到，公式如下：

$$V_\infty=\frac{c_{H_2O_2}V_{H_2O_2}RT}{2p} \qquad (2\text{-}15\text{-}8)$$

式中：p——氧的分压，由大气压减去该实验温度下水的饱和蒸气压(查表)；

$c_{H_2O_2}$——H_2O_2 的初始浓度；

$V_{H_2O_2}$——实验中所取用的 H_2O_2 的体积；

R——气体常数；

T——实验温度，单位为 K。

三、实验仪器与试剂

(1) 仪器：氧气的测量装置 1 套，秒表，10 mL 量筒 1 个，25 mL 移液管 2 支，10 mL 移液管 1 支，100 mL 容量瓶 1 个，150 mL 锥形瓶 3 个，250 mL 锥形瓶 2 个。

(2) 试剂：1.5 $mol\cdot L^{-1}$ 的 H_2O_2 溶液 50 mL，0.1 $mol\cdot L^{-1}$ 的 KI 溶液 100 mL。

四、实验步骤

(1) 装好仪器(见图 2-15-1)。熟悉量气管及水平管的使用，使锥形瓶与量气管相通，造成液差，检查系统是否漏气。

(2) 固定水平管使量气管内水位固定在“0”处，转动三通活塞使量气管与锥形瓶连通。

(3) 用移液管取 25 mL 0.1 $mol\cdot L^{-1}$ KI 及 5 mL 蒸馏水注入洗净烘干的锥形瓶中，并加入搅拌磁子，然后放在电磁搅拌器上进行搅拌。

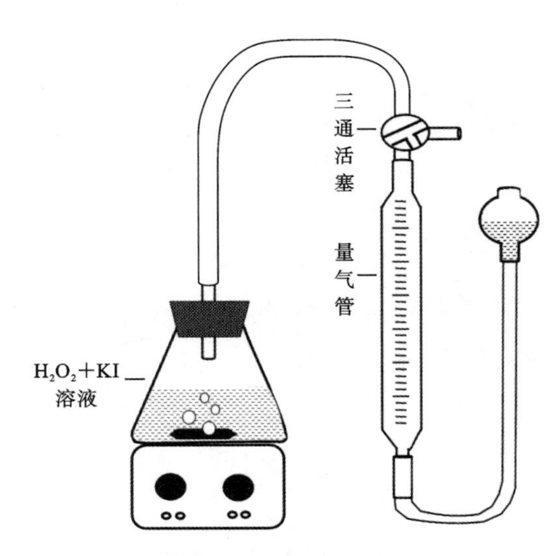

图 2-15-1　实验装置图

(4) 用移液管取 5 mL H_2O_2注入锥形瓶中，速将橡皮塞塞紧，启动电磁搅拌器，同时用秒表计时，此后保持量气管与水平管中的水在同一平面上，每放出 5 mL O_2 记录一次时间，直至放出 50 mL O_2 为止。

(5) 按照同样方法，改变药品用量做以下实验：

① 25 mL 0.1 $mol \cdot L^{-1}$ KI 加 10 mL H_2O_2；

② 25 mL 0.05 $mol \cdot L^{-1}$ KI 加 10 mL H_2O_2。

五、数据记录与处理

(1) 反应物的组成，如表 2-15-1 所示。

表 2-15-1　反应物的组成

组成 \ 实验	Ⅰ	Ⅱ	Ⅲ
$c_{KI}/(mol \cdot L^{-1})$			
V_{KI}/mL			
$V_{H_2O_2}/mL$			
V_{H_2O}/mL			

(2) 各组反应实验数据记录在表 2-15-2 中。

(3) 求 V_∞。

方法一：利用式(2-15-8)进行计算。

方法二：以 V_t 为纵坐标，以时间 $1/t$ 为横坐标作图，将直线外推至 $1/t=0$ 处，其交点为 V_∞。

(4) 将三组结果分别以 $\ln(V_\infty-V_t)$为纵坐标，以 t(单位：min)为横坐标作图，由直线斜率 m 求反应速率常数 k 及半衰期 $t_{1/2}$，并将结果填入表 2-15-2。

表 2-15-2　实验数据

V_{O_2}/mL 时间 t/min	Ⅰ	Ⅱ	Ⅲ	$\ln(V_\infty - V_t)$/mL	
				5 mL H_2O_2	10 mL H_2O_2
5					
10					
15					
20					
25					
30					
35					
40					
45					
50					
k/min^{-1}					
$t_{1/2}$/min					

(5) 由实验结果回答以下问题：

① k 值与所用 H_2O_2 的浓度的关系；

② $t_{1/2}$(半衰期)与 H_2O_2 的浓度的关系；

③ k 值与所用 KI 浓度的关系。

六、思考题

(1) 本实验中，还有什么方法可以求得 t 时刻 H_2O_2 的浓度？

(2) 在加入不同浓度的 KI 的反应过程中，反应搅拌速度应尽量控制相同，为什么？

(3) H_2O_2 催化分解为什么是一级反应？一级反应的特征是什么？如何由作图法求反应速率常数 k？

(4) 分析反应速率常数 k 与哪些因素有关，这些因素与你在实验中所得的 k 值有何关系？

实验 2-16　碘钟反应的动力学参数测定

一、实验目的

(1) 了解碘钟反应原理，学会运用碘钟反应设计动力学实验。

(2) 掌握初始速率法测定碘钟反应的速率常数、反应级数和活化能。

二、实验原理

在水溶液中，过二硫酸铵与碘化钾发生如下反应：

$$S_2O_8^{2-}+3I^- \longrightarrow 2SO_4^{2-}+I_3^- \tag{2-16-1}$$

我们事先同时加入少量的硫代硫酸钠溶液和淀粉指示剂，则式(2-16-1)中产生的少量的 I_3^- 会优先与 $S_2O_3^{2-}$ 反应而被还原成 I^-：

$$2S_2O_3^{2-}+I_3^- \longrightarrow S_4O_6^{2-}+3I^- \tag{2-16-2}$$

这样，当溶液中的硫代硫酸钠全部反应完后，式(2-16-1)生成的碘才会与淀粉指示剂反应，使溶液呈蓝色。这样从反应开始到出现蓝色的这段时间即可用来度量本反应的初始速率。

当反应温度和离子强度相同时，式(2-16-1)的反应速率方程可写为

$$-\frac{d[S_2O_8^{2-}]}{dt}=k[S_2O_8^{2-}]^m[I^-]^n \tag{2-16-3}$$

式中：k 为反应速率常数，m、n 为各反应物的分级数。在测定反应级数的方法中，反应初始速率法能避免反应产物的干扰，求得反应的真实级数。

根据式(2-16-1)中的反应计量关系，可以认为

$$-\frac{d[S_2O_8^{2-}]}{dt}=\frac{d[I_3^-]}{dt}=\frac{\Delta[I_3^-]}{\Delta t} \tag{2-16-4}$$

根据式(2-16-2)的反应计量关系，结合硫代硫酸钠的等量假设，可知

$$\frac{\Delta[I_3^-]}{\Delta t}=\frac{2\Delta[S_2O_3^{2-}]}{\Delta t} \tag{2-16-5}$$

根据式(2-16-3)、式(2-16-4)、式(2-16-5)可知

$$\frac{2\Delta[S_2O_3^{2-}]}{\Delta t}=k[S_2O_8^{2-}]^m[I^-]^n \tag{2-16-6}$$

设各初始条件下每次加入的硫代硫酸钠的量不变，则根据式(2-16-6)我们知道初始速率只与 Δt 有关。将式(2-16-6)移项，两边取对数可得

$$\ln\frac{1}{\Delta t}=\ln\frac{k}{2\Delta[S_2O_3^{2-}]}+m\ln[S_2O_8^{2-}]+n\ln[I^-] \tag{2-16-7}$$

式(2-16-7)右边第一项为常数，因而固定$[I^-]$，以 $\ln\frac{1}{\Delta t}$对 $\ln[S_2O_8^{2-}]$作图，根据直线的斜率即可求出 m；同理，固定$[S_2O_8^{2-}]$，可以求出 n。根据求出的 m 和 n，计算出室温下“碘钟反应”的反应速率常数 k。

最后改变温度，测出不同温度下从反应开始到出现蓝色所需的时间 Δt，计算出不同温度下的反应速率常数，由阿伦尼乌斯(Arrhenius)公式，以 $\ln k$ 对 $1/T$ 作图，根据直线的斜率即可求出活化能。

三、仪器与试剂

恒温水浴槽1套，仰角管3个，10 mL 刻度移液管4支，橡皮塞1个。

0.10 $mol \cdot L^{-1}$ $(NH_4)_2S_2O_8$ 溶液，0.10 $mol \cdot L^{-1}$ KI 溶液，0.01 $mol \cdot L^{-1}$ $Na_2S_2O_3$ 溶液，0.5% 淀粉溶液，0.10 $mol \cdot L^{-1}$ $(NH_4)_2SO_4$ 溶液。

四、实验内容

(1) 反应级数和速率常数的测定。

按照表2-16-1所列数据将每组的 $(NH_4)_2S_2O_8$ 溶液、$(NH_4)_2SO_4$ 溶液和2 mL 淀粉溶液放入仰角管的支管中，将KI溶液、$Na_2S_2O_3$ 溶液放入仰角管的直管中。将仰角管加上橡皮塞放入25 ℃恒温水浴槽中保持恒温10 min后，将两份溶液混合并立即开始计时，当溶液出现蓝色时即停止计时。

表2-16-1 "碘钟反应"动力学数据测量的溶液配制表

序　号	1	2	3	4	5	6	7
$(NH_4)_2S_2O_8$ 溶液/mL	10.0	10.0	10.0	10.0	8.0	6.0	4.0
$(NH_4)_2SO_4$ 溶液/mL	6.0	4.0	2.0	0	2.0	4.0	6.0
KI溶液/mL	4.0	6.0	8.0	10.0	10.0	10.0	10.0
$Na_2S_2O_3$ 溶液/mL	3.0	3.0	3.0	3.0	3.0	3.0	3.0

用相同的方法进行其他组溶液的实验，每次淀粉指示剂均为2 mL。仰角管使用之后要清洗干净并立即干燥备用。

(2) 反应活化能的测定。

按照表2-16-1中第4组反应的配制方案配制溶液，分别在30.0 ℃、35.0 ℃和40.0 ℃的温度下按照(1)中的操作步骤测量溶液出现蓝色所需的时间 Δt 并记录，求出该反应活化能。必须注意要先将溶液在相应的水浴槽中保持恒温一段时间，待溶液温度与恒温槽温度相同后再将溶液进行混合。

五、数据记录与处理

(1) 反应级数和速率常数测定的数据记录如下表：

序　号	1	2	3	4	5	6	7
$(NH_4)_2S_2O_8$ 浓度/($mol \cdot L^{-1}$)	0.04	0.04	0.04	0.04	0.032	0.024	0.016
KI浓度/($mol \cdot L^{-1}$)	0.016	0.024	0.032	0.04	0.04	0.04	0.04
时间 t/s							

（2）不同温度下第 4 组反应的时间记录如下表：

温度/℃	25	30	35	40
时间 t/s				

（3）反应级数和速率常数的计算。

根据实验第 1、2、3、4 组的数据以 $\ln\frac{1}{\Delta t}$ 对 $\ln[I^-]$ 作图，求得直线斜率为 n。

序　号	$[I^-]/(mol\cdot L^{-1})$	时间 t/s	$\ln[I^-]$	$\ln\frac{1}{\Delta t}$
1	0.016			
2	0.024			
3	0.032			
4	0.04			

根据实验第 4、5、6、7 组的数据以 $\ln\frac{1}{\Delta t}$ 对 $\ln[S_2O_8^{2-}]$ 作图，求得直线斜率为 m。

序　号	$[S_2O_8^{2-}]/(mol\cdot L^{-1})$	时间 t/s	$\ln[S_2O_8^{2-}]$	$\ln\frac{1}{\Delta t}$
4	0.04			
5	0.032			
6	0.024			
7	0.016			

（4）反应速率常数的测定。

根据公式

$$\frac{2\Delta[S_2O_3^{2-}]}{\Delta t}=k[S_2O_8^{2-}]^m[I^-]^n$$

将 m、n 的值代入，即可算出 k 的值。

（5）反应活化能的测定。

$\ln k$ 对 $1/T$ 的数据关系如下表：

序　号	温度 T/K	$1/T$	k	$\ln k$
1	298.15			
2	303.15			
3	308.15			
4	313.15			

$\ln k$ 对 $1/T$ 作图，并根据其斜率求反应活化能。

六、思考题

(1) 温度对实验结果有何影响?

(2) 实验过程中为什么要加入无机盐?无机盐对反应速率有何影响?

(3) 用初始速率法测定动力学参数有何优缺点?

实验 2-17　$Fe(OH)_3$ 胶体的制备与电泳

一、实验目的

(1) 掌握 $Fe(OH)_3$ 溶胶的制备方法。

(2) 掌握电泳法测定 $Fe(OH)_3$ 溶胶的电动电势 ξ。

(3) 观察 $Fe(OH)_3$ 溶胶的 Tyndall 现象、电泳现象。

二、实验原理

胶体溶液(溶胶)是分散相粒度为 1～1000 nm 的高度分散多相体系。在胶体分散体系中,由于胶体本身电离,或胶粒从分散介质中选择性地吸附一定量的离子,也可能是胶粒与分散介质之间相互摩擦,使得胶粒的表面具有一定量的电荷。显然,在胶粒四周的分散介质中,具有电量相同而符号相反的对应离子,荷电的胶粒与分散介质间的电位差,称为电动电势 ζ,其大小与胶粒的大小、浓度、介质性质、pH 值及温度等因素有关。电动电势越大,胶体体系越稳定;反之,电动电势越小,胶体体系越不稳定。当电动电势等于零时,溶胶的聚集稳定性最差。因此,电动电势的大小是衡量胶体稳定性的重要参数。

在外加电场的作用下,荷电的胶粒与分散介质间会发生相对运动。胶粒向正极或负极(视胶粒所带电荷类型而定)移动的现象,称为电泳。同一胶粒在同一电场中的移动速率与电动电势的大小有关。电泳法区分为两类,即宏观法和微观法。宏观法的原理是观察溶胶与另一不含胶粒的导电液体界面在电场中的移动速率。微观法的原理则是直接观察单个胶粒在电场中的泳动速率。对高分散性溶胶,如 As_2S_3 溶胶和 $Fe(OH)_3$ 溶胶或过浓的溶胶,不易观察个别粒子的运动,只能用宏观法。对于颜色太淡或浓度过稀的溶胶则适宜用微观法。本实验采用宏观法。

宏观电泳法的装置如图 2-17-1 所示。例如测定 $Fe(OH)_3$ 溶胶的电泳,使溶胶与无色的辅助液之间形成明显的界面,然后在 U 形管的两端各放一根电极,通电一定时间后,即可见 $Fe(OH)_3$ 溶胶的棕红色界面向负极上升,而在正极则界面下降。这说明 $Fe(OH)_3$ 胶粒带正电荷。电动电势 ζ 可根据下式计算:

$$\zeta=\frac{\eta u}{\varepsilon E} \tag{2-17-1}$$

式中:$E=\dfrac{U}{l}$——电势梯度,$V\cdot m^{-1}$,U 为外加电压(V),l 为两极间沿 U 形管中轴的距离(m);

η——水的黏度,$Pa\cdot s$,见附表 4;

u——电泳速率,u=界面移动距离/电泳时间,$m\cdot s^{-1}$;

ε——水的介电常数,$\varepsilon=\varepsilon_0\varepsilon_r$,$\varepsilon_r$ 为水的相对介电常数,$\varepsilon_r=80-0.4(t-20)$,$\varepsilon_0$ 为真空介电常数,且 $\varepsilon_0=8.854\times10^{-12}\ F\cdot m^{-1}$。

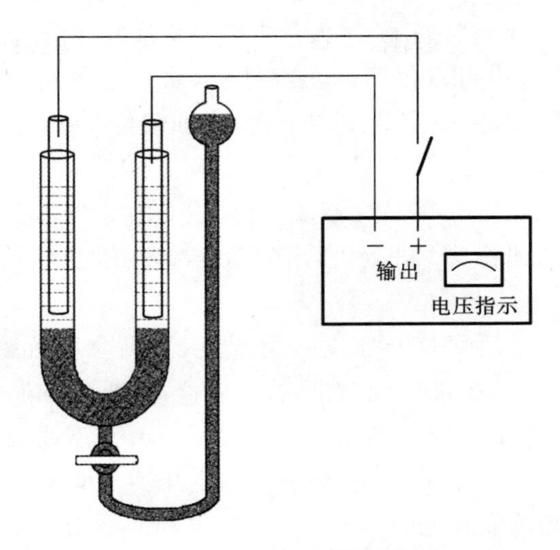

图 2-17-1 电泳装置

三、仪器与试剂

直流稳压电源(0～100 V)1台,秒表,电泳管1支,滴管1支,100 mL烧杯3个,10 mL量筒1个,玻璃棒1根,药匙1个,激光笔1支。

10% $FeCl_3$ 溶液,10%氨水,去离子水。

四、实验内容

(1) $Fe(OH)_3$ 溶胶的制备和纯化。

用量筒取6 mL $FeCl_3$ 溶液于100 mL烧杯中,加去离子水30 mL,用滴管逐滴加入氨水,在滴加过程中需要不断搅拌,生成红棕色沉淀,至 $FeCl_3$ 反应完全(即放置一段时间,滴加氨水于上层清液中没有沉淀)。用布氏漏斗过滤反应液,并用去离子水将滤纸上的沉淀洗涤3次。再将洗净后的沉淀放入干净的小烧杯中,加30 mL去离子水和2 mL $FeCl_3$ 溶液,并加热至沸腾,其沉淀消失,$Fe(OH)_3$ 溶胶得以生成。

(2) 观察Tyndall现象。

用激光笔光照制备的 $Fe(OH)_3$ 溶胶,从与光束前进方向相垂直的侧面,观察是否可以看到一条光亮的“通路”,若可以观测到,则溶胶制备成功。

(3) 溶胶电泳速率的测定。

① 在制备好的 $Fe(OH)_3$ 溶胶中缓缓加入去离子水,并不断搅拌至溶液的电导率正好等于辅助液(KCl溶液)的电导率(电导率仪的使用方法参阅“4.3 电化学测量仪器”)。

② 用自来水冲洗电泳仪的电泳管,除去管壁上的杂质。再用去离子水多次冲洗电泳管,直至其洁净。

③ 在电泳管中加入胶体溶液,具体步骤如下:先在活塞处于关闭的状态下,向带漏斗的侧管中倒入一定量的 $Fe(OH)_3$ 溶胶润洗其内壁2～3次。润洗过程中,若靠近活塞处有气柱,则需缓缓打开活塞排出气柱后再迅速关闭活塞,防止溶胶进入U形管中(若排气时溶胶不慎进

入U形管中，则需在活塞关闭的状态下，用大量去离子水反复冲洗U形管，最后再用辅助液淋洗2～3次）。润洗好的侧管中可以保留一段胶柱，以防止空气再次进入侧管溶胶中。再将$Fe(OH)_3$溶胶加入到侧管中保持一定高度。最后，将加载好$Fe(OH)_3$溶胶的电泳管固定在支架上。

④ 在侧管漏斗中继续加入$Fe(OH)_3$溶胶，直至漏斗的2/3高度处。同时，将辅助液倒入U形管中，使辅助液高度达到管长1/3处，再用辅助液冲洗铂电极，然后将两个铂电极插入U形管中。

⑤ 轻轻打开活塞（注意：活塞打开速度一定要慢，否则会导致胶体界面不清晰，实验失败），使溶胶在内外压差较小的条件下逐渐进入U形管，不断从漏斗中滴加溶胶，直至辅助液的液面上升到浸没电极为止，同时溶胶界面上升到2～3 cm刻度线处，然后关闭活塞。将铂电极接线连接到稳压电源上，开启电源开关，调节输出电压为100 V，同时开启秒表计时。观察溶胶界面的移动方向，准确读取并记录2 min、4 min、6 min、8 min、10 min、15 min、20 min时两边界面的刻度，并根据溶胶界面移动方向判断胶粒的带电符号。

⑥ 实验结束后，关闭电源，用细线量出两铂电极间的距离l（注意：此距离不是水平距离，而是U形管左右两管壁中心线的导电距离），然后用直尺准确测量细线长度并记录。

⑦ 实验结束，取出铂电极，用去离子水淋洗干净，放回电极盒中。用自来水冲洗电泳管多次，最后用去离子水淋洗几次，烘干保存。

五、数据记录与处理

（1）将实验结果填入下表中。

实验温度：______；l=______；U=______；η=______。

电泳时间/min	0	2	4	6	8	10	15	20
正极界面刻度/mm								
负极界面刻度/mm								

（2）根据电泳实验结果确定溶胶粒子带电符号，并根据上升界面距离与时间的关系绘图，求得斜率，即电泳速率u，并计算电动电势ζ值。

（3）查阅附表6，计算所测结果的相对误差。

六、思考题

（1）电泳速率的快慢与哪些因素有关？

（2）$Fe(OH)_3$胶粒带何种符号的电荷？为什么它会带此种符号的电荷？

（3）测电动电势ζ时，为什么要控制所用辅助液的电导率与待测溶胶的电导率相等？在电泳测定中如不用辅助液体，把两个电极直接插入溶胶中会发生什么现象？

实验 2-18　液体表面张力的测定

一、实验目的

(1) 掌握最大气泡法测定液体表面张力的原理。

(2) 学会液体表面张力的测试方法。

(3) 理解溶液表面的吸附作用，并应用吉布斯公式和朗缪尔方程计算表面被吸附分子的截面积。

二、实验原理

从热力学观点来看，液体表面缩小是一个自发过程，这是使体系总吉布斯函数减小的过程，欲使液体产生新的表面 ΔA，就需对其做功，其大小应与 ΔA 成正比，即

$$W'=\sigma\cdot\Delta A \tag{2-18-1}$$

如果 ΔA 为 1 m^2，则 $W'=\sigma$ 是在恒温恒压下形成 1 m^2 新表面所需的可逆功，所以 σ 称为比表面吉布斯函数，其单位为 $J\cdot m^{-2}$。也可将 σ 看作为作用在界面上单位长度边缘上的力，称为表面张力，其单位是 $N\cdot m^{-1}$。在定温下纯液体的表面张力为定值，当加入溶质形成溶液时，表面张力发生变化，其变化的大小取决于溶质的性质和组成。根据能量最低原理，当溶质能降低溶剂的表面张力时，表面层中溶质的浓度比溶液内部大；反之，溶质使溶剂的表面张力升高时，它在表面层中的浓度比在内部的浓度低，这种表面浓度与内部浓度不同的现象叫做溶液的表面吸附。在指定的温度和压力下，吸附量与溶液的表面张力及溶液的浓度之间的关系遵守吉布斯吸附方程：

$$\Gamma=-\frac{c}{RT}\left(\frac{\partial\sigma}{\partial c}\right)_T \tag{2-18-2}$$

式中：Γ 为溶质在表层的吸附量，σ 为表面张力，c 为吸附达到平衡时溶质在介质中的浓度。

当 $\left(\frac{\partial\sigma}{\partial c}\right)_T<0$ 时，$\Gamma>0$ 称为正吸附；当 $\left(\frac{\partial\sigma}{\partial c}\right)_T>0$ 时，$\Gamma<0$ 称为负吸附。吉布斯吸附等温式应用范围很广，但上述形式仅适用于稀溶液。

引起溶剂表面张力降低的物质叫表面活性物质，被吸附的表面活性物质分子在界面层中的排列，取决于它在液层中的浓度，这可由图 2-18-1 看出。图 2-18-1 中(a)和(b)是不饱和层

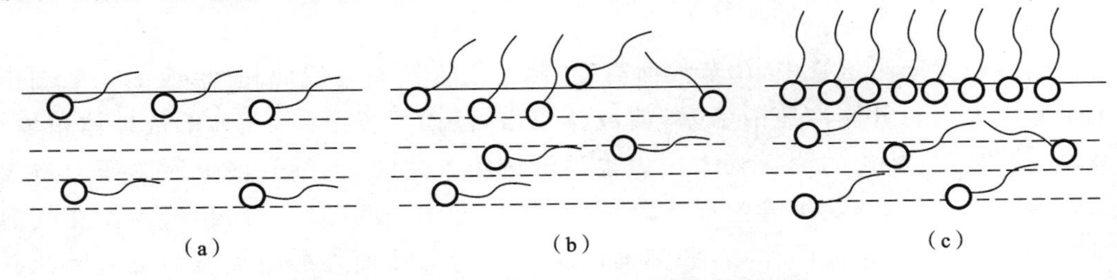

图 2-18-1　被吸附的分子在界面上的排列图

中分子的排列，(c)是饱和层中分子的排列。

当界面上被吸附的分子的浓度不断增大时，它的排列方式也在发生变化，最后当浓度足够大时，被吸附分子覆盖了所有界面的位置，形成饱和吸附层，分子排列方式如图 2-18-1(c)所示，这样的吸附层是单分子层。随着表面活性物质的分子在界面上的排列越来越紧密，界面的表面张力也就逐渐减小。如果在恒温下绘成曲线 $\sigma = f(c)$（表面张力等温线），则可发现当 c 增加时，σ 在开始时显著下降，而后下降趋势逐渐缓慢下来，直至变化很小，这时 σ 的数值恒定为某一常数(见图 2-18-2)。

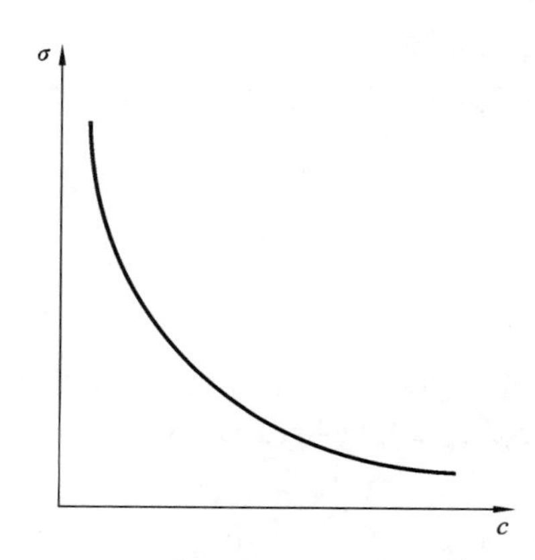

图 2-18-2　液体表面张力 σ 与浓度 c 的关系图

根据式(2-18-2)，以吸附量 Γ 对相应的浓度 c 作图，可得 $\Gamma = f(c)$ 曲线，称为吸附等温线。

根据朗缪尔公式

$$\Gamma = \Gamma_\infty \frac{kc}{1+kc} \tag{2-18-3}$$

式中，Γ_∞ 为饱和吸附量，即表面被吸附物铺满一层分子时的 Γ。将式(2-18-3)变形可得

$$\frac{c}{\Gamma} = \frac{kc+1}{k\Gamma_\infty} = \frac{c}{\Gamma_\infty} + \frac{1}{k\Gamma_\infty} \tag{2-18-4}$$

以 c/Γ 对 c 作图，得一直线，该直线的斜率为 $1/\Gamma_\infty$。

由所求得的 Γ_∞ 代入 $A = \frac{1}{\Gamma_\infty N_A}$ 可求被吸附的分子的截面积(N_A 为阿伏伽德罗常数)。

若已知溶质的密度 ρ，分子量 M，就可计算出吸附层厚度 δ，即

$$\delta = \frac{\Gamma_\infty M}{\rho} \tag{2-18-5}$$

测定溶液的表面张力有多种方法，本实验采用最大气泡法测定表面张力，其装置如图2-18-3所示。

将待测液体置于测定管中，调节液面高度，使毛细管端面与液面相切，液面在毛细作用下沿毛细管上升。打开滴液瓶的活塞，使液体流出，液面缓慢下降，上方的气体体积增大，压力减小，使得与之相连的测定管中压力也逐渐减小。此时，毛细管液面所受压力将大于分支试管液面所受压力，毛细管液面不断下降，将从毛细管底端缓慢析出气泡。在气泡形成的过程中，由于表面张力的作用，凹液面产生一个指向液面外的附加压力 Δp，因此有以下关系：

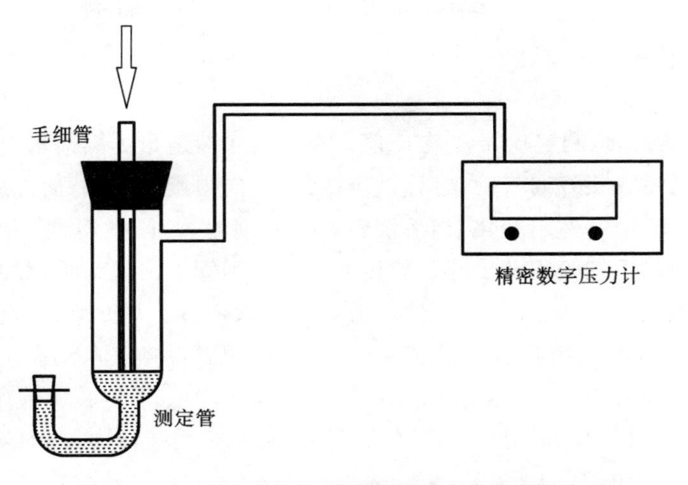

图 2-18-3　最大气泡法测定表面张力的装置示意图

$$\Delta p=\frac{2\sigma}{R} \tag{2-18-6}$$

式中，Δp 为附加压力，σ 为表面张力，R 为气泡的曲率半径。

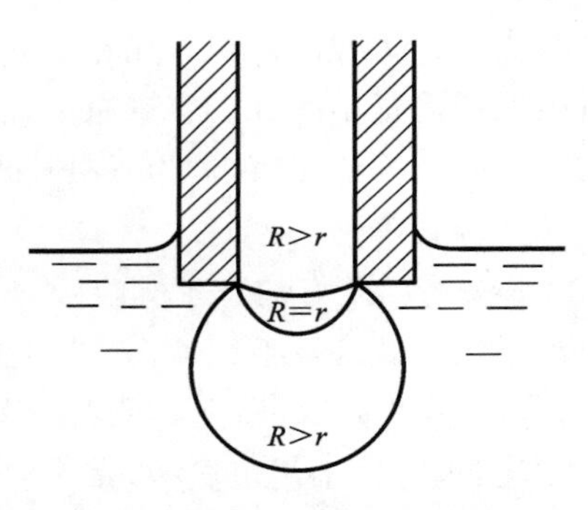

图 2-18-4　气泡的形成过程

如图 2-18-4 所示，如果毛细管半径很小，则形成的气泡基本上是球形的。当气泡开始形成时，表面几乎是平的，这时曲率半径最大；随着气泡的形成，曲率半径逐渐变小，直到形成半球形，这时曲率半径 R 和毛细管半径 r 相等，曲率半径达最小值。根据式(2-18-6)可知这时附加压力 Δp 达最大值。气泡进一步变大，R 变大，附加压力则变小，直到气泡逸出。

因此，$R=r$ 时，附加压力最大，即

$$\Delta p_{\max}=\frac{2\sigma}{r} \tag{2-18-7}$$

$$\sigma=\frac{r}{2}\cdot\Delta p_{\max} \tag{2-18-8}$$

当将 $\frac{r}{2}$ 视为常数 K 时，则上式变为

$$\sigma=K\cdot\Delta p_{\max} \tag{2-18-9}$$

式中的仪器常数 K 可由已知表面张力的标准物质测得。

三、仪器和试剂

最大气泡法装置 1 套，毛细管 1 根，10 mL 移液管 1 支，2 mL 刻度移液管 1 支，250 mL 容量瓶 1 个，50 mL 容量瓶 9 个，50 mL 碱式滴定管 1 支。

分析纯正丁醇，去离子水。

四、实验内容

(1) 用水作标准物质，测定仪器常数K值。在试管中装适量的蒸馏水，使毛细管端刚好与液面接触，放空后采零。接好通气管，打开微压调压阀(向内旋为关闭，向外旋为打开)，使压力计上显示的数值以10个字左右变化，当毛细管产生气泡时，关闭微压调节阀。由于内部存储包压力较高，压力通过毛细管不断出泡泄放压力直至毛细管不出泡为止，此时压力数值基本稳定，表示不漏气。微微打开微压调节阀，使压力计显示数值逐个增加，使气泡由毛细管尖端成单泡逸出，当气泡刚脱离毛细管管端破裂的一瞬间，蜂鸣器鸣响，显示屏上显示峰值，记录峰值，当每次显示的峰值大致相同时，连续读取3次，取其平均值。(注：① 起始出泡峰值可能不太稳定，等峰值稳定后再记录峰值；② 管路稍有晃动会影响系统压力，此时峰值可能会显示错误值)

(2) 配制0.5 $mol \cdot L^{-1}$的正丁醇250 mL。为此，先按正丁醇的摩尔质量和室温下的密度计算需用正丁醇的体积。先在250 mL容量瓶中装好约2/3的去离子水，然后用10 mL移液管吸取所需正丁醇放入容量瓶中，加水至刻度并混匀后，装入50 mL碱式滴定管，再用这一浓溶液配制下列浓度(单位为$mol \cdot L^{-1}$)的稀溶液各50 mL：0.02、0.04、0.06、0.08、0.10、0.12、0.20、0.24。

(3) 将已配好的正丁醇溶液，从稀到浓按上述方法依次测定其表面张力。每次更换溶液时不必烘干试管及毛细管，只需用少量待测溶液润洗3次即可。

(4) 实验完毕，用去离子水洗净仪器，并将毛细管浸入装有去离子水的试管中保存。

注：也可以不用恒温槽，直接在室温下测定。

五、数据记录与处理

(1) 将实验数据记录于下列表格中。

$c/(mol \cdot L^{-1})$		0.00	0.02	0.04	0.06	0.08	0.10	0.12	0.16	0.20	0.24
$\Delta p/Pa$	1										
	2										
	3										
$\overline{\Delta p}/Pa$											
$\sigma/(mN \cdot m^{-1})$											
$d\sigma/dc$											
$\Gamma \times 10^6/(mol \cdot m^{-2})$											
$c/\Gamma \times 10^{-4}/m^{-1}$											

(2) 根据纯水测量Δp_{max}，由式(2-18-8)、式(2-18-9)计算仪器常数K。

(3) 计算不同浓度溶液的表面张力。

(4) 用专业软件(如Origin)作表面张力-浓度图并计算出Γ及c/Γ的数值(数据处理方法

可参阅第 1 章 1.5 节）。

（5）作 $\frac{c}{\Gamma}$-c 图，从直线的斜率求出 Γ_{∞}（$mol \cdot m^{-2}$），并计算正丁醇分子的截面积。查阅文献值，与之相比较，计算误差。

六、思考题

（1）为什么保持仪器和药品的清洁是本实验的关键？
（2）为什么毛细管尖端应平整光滑，安装时要垂直并刚好接触液面？
（3）本实验中为什么要记录最大压力差？

实验 2-19　弗罗因德利希等温吸附行为测定

一、实验目的

(1) 掌握弗罗因德利希等温吸附的测量原理。
(2) 掌握活性炭等温吸附曲线的绘制方法。

二、实验原理

等温吸附曲线是在温度一定的条件下，吸附剂的吸附量随吸附质平衡浓度而变化的曲线。根据吸附等温线可了解吸附剂的吸附表面积、孔隙容积、孔隙大小分布，以及判定吸附剂对被吸附溶剂的吸附性能。等温吸附可存在不同的类型，包括 Langmuir、BET、Freundlich(弗罗因德利希)等。实际工作中，常通过测定各种吸附剂的等温吸附线，作为合理选用特定用途的吸附剂品种的重要参考依据。

本实验主要验证活性炭对醋酸溶液的吸附是否符合弗罗因德利希吸附行为。在恒定温度下，吸附量与吸附质的平衡浓度有关，弗罗因德利希从吸附量和平衡浓度的关系曲线得出经验方程：

$$\frac{x}{m}=kc^n \tag{2-19-1}$$

式中：x——吸附质的量，mol；

m——吸附剂的量，g；

c——平衡浓度，$mol \cdot L^{-1}$；

k，n——常数，由温度、溶剂、吸附质及吸附剂的性质决定。

对式(2-19-1)取对数，得

$$\lg\frac{x}{m}=n\lg c+\lg k \tag{2-19-2}$$

以 $\lg\frac{x}{m}$ 对 $\lg c$ 作图可得一直线，由直线的斜率和截距可求得常数 n 和 k。

三、仪器与试剂

125 mL 碘量瓶(带塞)6 个，125 mL 锥形瓶(滴定)6 个，50 mL 容量瓶 6 个，25 mL 酸式、碱式滴定管各 1 支，25 mL、10 mL、5 mL、2 mL 移液管各 1 支，振荡器 1 台。

0.4000 $mol \cdot L^{-1}$ 醋酸(HAc)标准溶液，0.1000 $mol \cdot L^{-1}$ NaOH 标准溶液，活性炭。

四、实验内容

(1) 配制 50 mL 醋酸溶液。按记录表格所规定的量移取相应的醋酸溶液于已编好序号的

50 mL 容量瓶中，加水稀释至刻度处，注意随时盖好瓶塞，以防醋酸挥发。

(2) 将 120 ℃下烘干的活性炭(本实验不宜用骨炭)装在称量瓶中，用减差法称取活性炭各约 1 g(准确到 0.0001 g)放入已编号的碘量瓶中，再加入配制好的相应编号的 HAc 溶液，塞好瓶塞，在振荡器上振荡半小时。

(3) 使用颗粒活性炭时，可直接从锥形瓶中取样分析，如果是粉状活性炭，则应过滤，弃去最初 10 mL 滤液。按记录表格规定的体积取样，用 0.1000 $mol \cdot L^{-1}$ NaOH 标准溶液滴定。

(4) 活性炭吸附醋酸是可逆吸附。使用过的活性炭可用蒸馏水浸泡数次，烘干后回收利用。

五、数据记录与处理

(1) 将实验数据记录在下列表格中。

$c(NaOH)=$________；$c(HAc)=$__________。

编　号	1	2	3	4	5	6
HAc/mL	50	25	15	7.5	4	2
H_2O/mL	0	25	35	42.5	46	48
活性炭量/g						
取样量/mL	5	10	25	25	25	25
HAc 初始浓度/($mol \cdot L^{-1}$)						
滴定耗碱量/mL						
HAc 平衡浓度/($mol \cdot L^{-1}$)						
x/m						
$\lg(x/m)$						
$\lg c$						

(2) 由平衡浓度 c 及初始浓度 c_0 按下式计算吸附量：

$$\frac{x}{m}=\frac{(c_0-c)V}{m} \tag{2-19-3}$$

式中：V——溶液总体积，L；

m——活性炭量，g；

x——HAc 的量，mol；

(3) 以$\frac{x}{m}$对 c 作出吸附等温线。

(4) 以 $\lg\frac{x}{m}$对 $\lg c$ 作图，由所得直线的斜率和截距求得常数 k 及 n。

六、思考题

(1) 吸附作用与哪些因素有关？用固体吸附剂吸附气体与从溶液中吸附溶质有何不同？

(2) 溶液吸附时，如何判断达到吸附平衡？

实验 2-20　朗缪尔等温吸附行为测定

一、实验目的

（1）了解朗缪尔等温吸附模型的原理及曲线绘制方法。

（2）利用亚甲基蓝水溶液吸附法测定颗粒活性炭的比表面积。

二、实验原理

比表面积是指单位质量（或单位体积）的物质所具有的表面积，其数值与物质的粒径大小、多孔性、表面特性等有关。测定比表面积的方法有容积吸附法、重量吸附法、溶液吸附法、气体吸附法等。比表面积是评价多孔物质如活性炭、分子筛、树脂、硅藻土等材料的重要指标之一。溶液吸附法测定固体的比表面积，仪器简单，操作方便，还可以同时测定许多样品，因此常被采用。

朗缪尔吸附模型的特点：固体表面是均匀的；吸附是单分子层的吸附；被吸附物质的分子之间没有相互作用力；在一定条件下，吸附和解吸附之间可以建立动态平衡。

在一定温度时，当吸附达到平衡时，吸附量 Γ 与吸附质在溶液中的平衡浓度 c 之间的关系式为

$$\Gamma=\Gamma_{\infty}\frac{cK}{1+cK} \tag{2-20-1}$$

式中：Γ_{∞} 为饱和吸附量，相当于固体表面铺满单分子层溶液的吸附量；K 为吸附系数。

将式(2-20-1)重新整理得到

$$\frac{c}{\Gamma}=\frac{1}{\Gamma_{\infty}K}+\frac{1}{\Gamma_{\infty}}c \tag{2-20-2}$$

作 $\frac{c}{\Gamma}$ - c 图，从直线斜率可求得 Γ_{∞}，再结合截距便可得到 K。再根据饱和吸附量 Γ_{∞} 代入比表面积计算公式：

$$S=S_0\cdot N_A\cdot\Gamma_{\infty} \tag{2-20-3}$$

式中：S 为固体的比表面积，S_0 为单个吸附质分子在吸附剂上所占的面积，N_A 为阿伏伽德罗常数。

水溶性染料的吸附已广泛用于固体比表面积的测定。其中，亚甲基蓝具有优异的吸附能力，其分子式如图 2-20-1 所示。

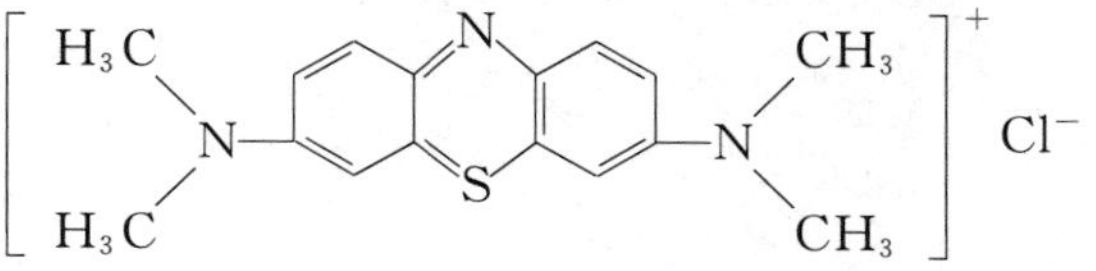

图 2-20-1　亚甲基蓝分子式

研究表明，在大多数固体上，亚甲基蓝吸附都是单分子层，符合朗缪尔吸附模型。但当原

始溶液浓度较高时会出现多分子层吸附，而如果吸附平衡后溶液的浓度过低，则吸附不能达到饱和，因此，原始溶液的浓度及吸附平衡后溶液的浓度都应选在适当的范围内。本实验控制原始溶液的质量分数为 0.2%左右，平衡溶液的质量分数不小于 0.1%。对于非石墨型活性炭，亚甲基蓝是以端基吸附取向吸附在活性炭表面的，因此 $S_0=39\times10^{-20}\ m^2$。

本实验是通过非石墨型活性炭对亚甲基蓝进行吸附，至达到平衡，通过分光光度计测量亚甲基蓝溶液的初始浓度 c_0 和平衡浓度 c，再根据公式计算吸附量 Γ：

$$\Gamma=\frac{(c_0-c)MV}{m} \tag{2-20-4}$$

式中：c_0 为原始溶液的浓度（$mol\cdot L^{-1}$），c 为吸附平衡后的浓度（$mol\cdot L^{-1}$），m 为吸附剂的质量(g)，V 为溶液的体积(L)，M 为亚甲基蓝的摩尔质量。吸附量 Γ 的单位为每克活性炭吸附的吸附质的质量(g/g)。

三、仪器与试剂

721 型分光光度计，恒温振荡器，分析天平，100 mL 容量瓶 5 个，500 mL 容量瓶 5 个，100 mL 带塞磨口锥形瓶 5 个，活性炭（颗粒状，非石墨型），亚甲基蓝（A. R.）原始溶液（质量分数 0.2%），亚甲基蓝（A. R.）标准溶液（$0.3126\times10^{-3}\ mol\cdot L^{-1}$）。

四、实验内容

(1) 活化样品。

将颗粒活性炭置于陶瓷坩埚中，放入马弗炉内，500 ℃下活化 1 h（或在真空烘箱中 300 ℃下活化 1 h），然后放入干燥器中备用。

(2) 活性炭吸附。

取 5 只干燥的带塞锥形瓶，编号 1～5，分别准确称取活化过的活性炭约 0.1 g 置于瓶中，加入按表 2-20-1 配制的不同浓度的亚甲基蓝溶液 50 mL。塞好活塞，放在振荡器上振荡 3 h。样品振荡达到平衡后，将锥形瓶取下，用砂芯漏斗过滤，得到吸附平衡后的滤液。分别量取滤液5 mL于 500 mL 容量瓶中，用蒸馏水定容摇匀待用，此为平衡稀释液。

表 2-20-1　不同亚甲基蓝溶液的配制比例

锥形瓶编号	1	2	3	4	5
V_1(0.2%亚甲基蓝溶液)/mL	30	20	15	10	5
V_2(蒸馏水)/mL	20	30	35	40	45

(3) 原始溶液处理。

为了准确测量约 0.2%亚甲基蓝原始溶液的浓度，量取 2.5 mL 溶液放入 500 mL 容量瓶中，并用蒸馏水稀释至刻度处，待用。此为原始溶液稀释液。

(4) 亚甲基蓝标准溶液的配制。

分别量取 2 mL、4 mL、6 mL、9 mL、11 mL 浓度为 $0.3126\times10^{-3}\ mol\cdot L^{-1}$的标准溶液于 100 mL 容量瓶中，蒸馏水定容摇匀，分别得到 $0.02\times0.3126\times10^{-3}$ mol、$0.04\times0.3126\times10^{-3}$

mol、$0.06\times0.3126\times10^{-3}$ mol、$0.09\times0.3126\times10^{-3}$ mol、$0.11\times0.3126\times10^{-3}$ mol 不同浓度的标准溶液。

(5) 选择工作波长。

对于亚甲基蓝溶液,工作波长为 665 nm。由于各分光光度计波长刻度略有误差,取一标准溶液,在 600～700 nm 范围内测量吸光度,以吸光度最大的波长为工作波长。分光光度计的使用方法参阅“4.4 光学测量仪器”。

(6) 标准溶液的测定。

以蒸馏水为空白参比,在最大吸收波长处测量标准溶液的吸光度,测量每个样品时须两次读数,取平均值,作出标准曲线。

(7) 原始溶液和平衡溶液的测定。

以蒸馏水为空白参比,在最大吸收波长处测量稀释后的原始溶液和吸附平衡溶液的吸光度,测量两次取平均值,并根据吸光度标准曲线计算出原始溶液和吸附平衡溶液的浓度。

五、数据记录与处理

(1) 作亚甲基蓝标准溶液的标准工作曲线。

计算不同亚甲基蓝标准溶液的摩尔浓度,根据浓度与所测得的吸光度数据进行作图,绘制亚甲基蓝溶液的标准工作曲线。

(2) 求不同亚甲基蓝原始溶液浓度和各个平衡溶液浓度。

根据稀释后原始溶液的吸光度,从工作曲线上查得对应的浓度,乘上稀释倍数 200,即为原始溶液的浓度 c_0'。再根据计算公式 $c_0=c_0'\cdot V_1/50$,得到 1～5 号溶液的初始浓度。

将实验测定的各个稀释后的平衡溶液吸光度,从工作曲线上查得对应的浓度,乘上稀释倍数 100,即为平衡溶液的浓度 c。

(3) 计算吸附量。

由平衡溶液的浓度 c 及初始浓度 c_0 数据,按公式(2-20-4)计算吸附量 Γ。

(4) 绘制朗缪尔吸附等温线。

以 Γ 为纵坐标,c 为横坐标,作 Γ-c 吸附等温线。

(5) 求饱和吸附量 Γ_∞ 和吸附常数 K。

由 Γ 和 c 的数据计算 $\frac{c}{\Gamma}$ 值,然后作 $\frac{c}{\Gamma}$-c 图,由图求得斜率和截距,求得饱和吸附量 Γ_∞ 和吸附系数 K。

(6) 计算活性炭的比表面积。

将 Γ_∞ 值代入公式(2-20-3),可算得活性炭的比表面积 S。

六、思考题

(1) 溶液吸附法测固体的比表面积相对于其他方法有何优缺点?

(2) 亚甲基蓝的浓度过高或过低有什么问题? 如何调整?

(3) 使用分光光度计测量亚甲基蓝溶液为什么需要将浓度稀释到百万分比的浓度?

实验2-21 表面活性剂的临界胶束浓度测定

一、实验目的

(1) 了解表面活性剂的特性及胶束形成原理。

(2) 掌握电导法测定十二烷基硫酸钠临界胶束浓度的原理和方法。

二、实验原理

表面活性剂是一种加入少量即可显著降低溶液表面张力的物质，它是一种两端分别具有极性亲水基团和非极性疏水基团的两亲分子。表面活性剂可分为三大类：①阴离子型表面活性剂，如羧酸盐(肥皂)、烷基硫酸盐(十二烷基硫酸钠)、烷基苯磺酸盐(十二烷基苯磺酸钠)等；②阳离子型表面活性剂，主要是胺盐，如十二烷基二甲基叔胺和十二烷基二甲基氯化铵；③两性离子表面活性剂，如氨基酸类、甜菜碱型；④非离子型表面活性剂，如聚氧乙烯类。

当把表面活性剂加入到极性很强的水中时，为满足非极性基团"逃离"水环境的要求，表面活性剂分子通常会在表面吸附，形成一种亲水基团朝向水中而疏水基团指向空气的定向排列结构，使得水的表面张力降低，当表面吸附达到饱和时，表面活性剂的浓度再增加，就会在溶液内部自发地形成一种疏水基团相互靠拢，亲水基团与水接触的缔合体，即"胶束"(见图2-21-1(a))。开始形成胶束所需表面活性剂的最低浓度称为临界胶束浓度(critical micelle concentration，CMC)。在CMC附近，溶液的许多性质，如表面张力、渗透压、电导率、摩尔电导率、增溶作用、去污能力等发生突变(见图2-21-1(b))，这种现象是表面活性剂的一个重要特征，也是实验测定CMC的依据。

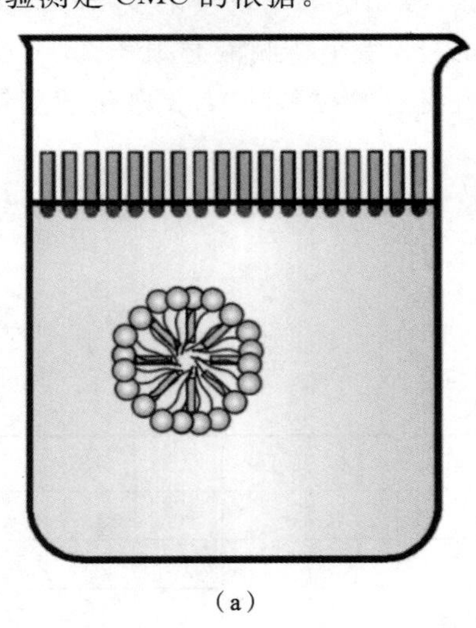

(a)

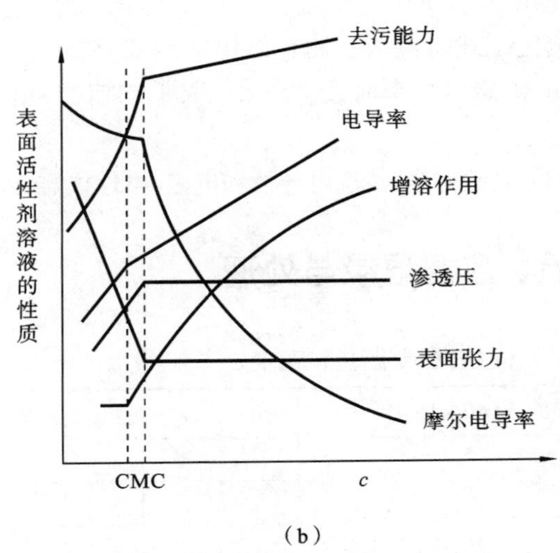

(b)

图2-21-1 表面活性剂的临界胶束浓度测定

(a) 表面活性剂在溶液中达到CMC状态示意图；(b) 表面活性剂的浓度对溶液性质影响关系图

表面活性剂临界胶束浓度的测定方法很多，有电导法、表面张力法、光散射法、染料法、浊度法等。本实验采用电导法，其优点是方法经典、简便可靠，但只适用于离子型表面活性剂，无机盐的存在对测定有影响。电导法对有较高表面活性的离子型表面活性剂准确性高，而对于临界胶束浓度较大的则灵敏性较差。

离子型表面活性剂溶液中，对电导有贡献的主要是带长链烷基的表面活性离子和相应的反离子，而胶束的贡献则较小。从离子贡献大小来考虑，反离子大于表面活性离子。当溶液浓度达到 CMC 时，由于表面活性离子缔合成胶束，对电导贡献较大的反离子固定于胶束的表面，它们对电导的贡献下降，电导率(κ)随溶液浓度(c)增加的趋势变缓，这就是确定 CMC 的依据。因此，利用离子型表面活性剂随浓度的变化关系作 κ-c 曲线，由曲线的转折点来确定 CMC。

三、仪器与试剂

50 mL 容量瓶 11 个，50 mL 烧杯 1 个，移液管 1 支(0.5 mL)，电导率仪 1 台，恒温水浴槽 1 台。0.1 $mol \cdot L^{-1}$的十二烷基硫酸钠溶液，0.01 $mol \cdot L^{-1}$的 KCl 标准溶液。

四、实验内容

(1) 十二烷基硫酸钠溶液的配置。

分别移取 0.50、1.0、2.0、3.0、4.0、5.0、6.0、7.0、8.0、9.0、10.0(单位：mL)的 0.1 $mol \cdot L^{-1}$的十二烷基硫酸钠溶液，定容到 50 mL，得到浓度分别为 1.0×10^{-3} $mol \cdot L^{-1}$、2.0×10^{-3} $mol \cdot L^{-1}$、4.0×10^{-3} $mol \cdot L^{-1}$、6.0×10^{-3} $mol \cdot L^{-1}$、8.0×10^{-3} $mol \cdot L^{-1}$、1.0×10^{-2} $mol \cdot L^{-1}$、1.2×10^{-2} $mol \cdot L^{-1}$、1.4×10^{-2} $mol \cdot L^{-1}$、1.6×10^{-2} $mol \cdot L^{-1}$、1.8×10^{-2} $mol \cdot L^{-1}$、2.0×10^{-2} $mol \cdot L^{-1}$的待测溶液。

(2) κ 的测定。

先用 0.01 $mol \cdot L^{-1}$的 KCl 标准溶液标定电导池常数，再用电导率仪按浓度从小到大的顺序测定上述待测液。测定时用待测液荡洗电导池 3 次以上，每个待测液必须于 25 ℃恒温 10 min，测定电导率时读数 3 次，取平均值。(电导率仪的使用方法参阅“4.3 电化学测量仪器”)

(3) 实验完毕，清洗电导池和电极，整理仪器、台面。测量结束后，将电极浸泡在去离子水中。

五、数据记录与处理

(1) 将数据记录于下表中。

浓度 $c/(mmol \cdot L^{-1})$	1	2	4	6	8	10	12	14	16	18	20
κ											
$\bar{\kappa}$											

(2) 数据处理。

作 κ-c 图，用 Origin 软件处理得到曲线的拐点，即可得到十二烷基硫酸钠溶液的临界胶束浓度。查阅文献，与相关结果进行比较，分析误差。

六、思考题

(1) 实验中影响临界胶束浓度的因素有哪些？

(2) 非离子型表面活性剂能否用电导法测其临界胶束浓度，为什么？若不能，可以用什么方法来测定？

(3) 不同的方法测定表面活性剂的优缺点分别是什么？

第3章 综合实验

实验3-1 黏度法测定高聚物分子量

一、实验目的

（1）了解黏度法测定高聚物分子量的基本原理及方法。

（2）掌握乌氏黏度计测定高聚物溶液黏度的方法。

二、实验原理

高聚物的分子量具有多分散性，无论用何种方法所测得的分子量，均为平均分子量。测定高聚物分子量的方法有多种，如端基测定法、渗透法、光散射法、超速离心法和黏度法等，其中用黏度法测定的分子量称为黏均分子量。高分子溶液的黏度一般比较大，其原因在于其分子链长度远大于溶剂分子，加上溶剂化作用，使其在流动时受到较大的内摩擦阻力。这种内摩擦阻力包括溶剂分子之间的内摩擦，高聚物分子与溶剂分子间的内摩擦，以及高聚物分子间的内摩擦。其中溶剂分子之间的内摩擦又称为纯溶剂的黏度，以 η_0 表示；三种内摩擦的总和称为高聚物分子间的内摩擦，以 η 表示。在相同温度下，通常高聚物溶液的黏度大于纯溶剂黏度。溶液黏度比溶剂黏度增加的倍数叫增比黏度，以 η_{sp} 表示。由于黏度法的设备简单，操作方便，因此应用最为普遍。但黏度法并非绝对的测定方法，根据大量的实验证明，马克(Mark)提出更符合于实验结果的非线形方程式：

$$[\eta]=KM^{\alpha} \tag{3-1-1}$$

该式实用性很广，式中 K、α 值主要依赖于大分子在溶液中的形态。无规线团的大分子在不良溶剂中呈蜷曲的形状，α 为0.5～0.8；在良溶剂中，大分子因溶剂化而较为舒展，α 为0.8～1；而对硬棒状分子，$\alpha>1$。关于某一高聚物溶剂系的 K、α 值的具体测量，可将式(3-1-1)两边取对数，得

$$\lg[\eta]=\lg K+\alpha\lg M \tag{3-1-2}$$

若干高聚物溶剂体系的 K、α 值，文献上发表很多，例如，在聚乙二醇-水体系中，温度为30 ℃时，

$$[\eta]=1.25\times10^{-3}M^{0.78} \tag{3-1-3}$$

用式(3-1-3)计算聚乙二醇分子量时，必需求出溶液的特性黏度$[\eta]$，其定义是当溶液浓度 c 趋于零时比浓黏度 η_{sp}/c 的极限量，即

$$[\eta]=\lim_{c\to0}\frac{\eta_{sp}}{c} \tag{3-1-4}$$

式中：η_{sp}为增比黏度，$\eta_{sp}=\eta_{\tau}-1$；η_{τ}为相对黏度，即

$$\eta_{\tau}=\frac{\eta}{\eta_0}=\frac{\text{溶液黏度}}{\text{溶剂黏度}}$$

由于$\eta_{\tau}=1+\eta_{sp}$，所以

$$\ln\eta_{\tau}=\ln(1+\eta_{sp})=\eta_{sp}-\frac{1}{2}\eta_{sp}^2+\frac{1}{3}\eta_{sp}^3-\frac{1}{4}\eta_{sp}^4+\cdots$$

两边除以c，当$c\to0$时，$\eta_{sp}<1$可以忽略高次项，则

$$\left(\frac{\ln\eta_{\tau}}{c}\right)_{c\to0}=\left(\frac{\eta_{sp}}{c}\right)_{c\to0}$$

所以

$$[\eta]=\lim_{c\to0}\frac{\eta_{sp}}{c}=\lim_{c\to0}\frac{\ln\eta_{\tau}}{c} \tag{3-1-5}$$

本实验中特性黏度$[\eta]$的求法通过如下稀释法（外推法）求得。

将溶液稀释成4～5个不同的浓度，分别测其黏度，再由$\frac{\eta_{sp}}{c}$-c或$\frac{\ln\eta_{\tau}}{c}$-c作图外推求出$[\eta]$。最普通的外推是如下两个经验式：

$$\text{Huggins 式：}\quad\frac{\eta_{sp}}{c}=[\eta]+K_H[\eta]^2c \tag{3-1-6}$$

$$\text{Kramer 式：}\quad\frac{\ln\eta_{\tau}}{c}=[\eta]+K_K[\eta]^2c \tag{3-1-7}$$

按式(3-1-5)、式(3-1-6)、式(3-1-7)的关系，由$\frac{\eta_{sp}}{c}$-c和$\frac{\ln\eta_{\tau}}{c}$-c的实验数据在同一坐标轴上作图，外推至$c\to0$，两直线相交于一点，即截距为$[\eta]$，如图3-1-1所示。两条直线的斜率分别代表常数K_H和K_K。

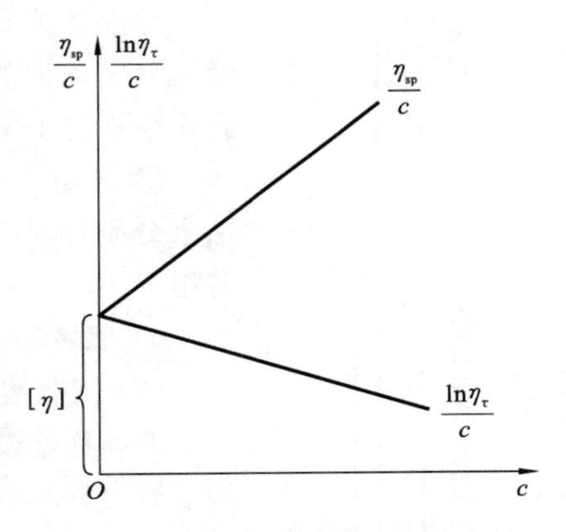

图3-1-1　外推法测定特性黏度$[\eta]$

黏度法测定分子量是基于大分子在溶剂中移动产生的摩擦力。一般用黏度表示高聚物溶液在流动过程中所受阻力的大小。相对黏度的测定通常采用乌式黏度计。以V表示时间t内流经毛细管的溶液体积，p表示压力差，R表示毛细管半径，L表示毛细管的长度，η表示流体黏度。若在t时间内流经毛细管的溶液体积为V，则

$$V=\frac{\pi R^4pt}{8\eta L} \tag{3-1-8}$$

因为$p=\rho gh$（ρ为流体密度，g为重力加速度，h为液柱高），所以

$$\eta=\frac{\pi R^4\rho ght}{8LV} \tag{3-1-9}$$

实际上，毛细管的半径与长度的测量较困难，故实测时都是求溶液黏度与溶剂黏度的比值，即相对黏度η_{τ}。当用同一支黏度计时，测定的溶液与溶液的体积不变，即$V_0=V$，所以

$$\frac{\rho_0}{\eta_0}t_0=\frac{\rho}{\eta}t \tag{3-1-10}$$

因为高聚物溶液黏度的测定，通常在极稀的浓度下进行，所以溶液和溶剂的密度近似相等，即 $\rho=\rho_0$，因此相对黏度可以改写为

$$\eta_r=\frac{\eta}{\eta_0}=\frac{t}{t_0} \tag{3-1-11}$$

式(3-1-11)必须符合下列条件：

(1) 液体的流动没有湍流；

(2) 液体在管壁没有滑动；

(3) 促使流动的力，全部用于克服液体间的内摩擦；

(4) 末端校正在 L/R 较大的情况下可以不计。

三、仪器与试剂

乌式黏度计，恒温水浴槽，秒表，洗耳球，锥形瓶(50 mL)，移液管(10 mL、20 mL)。

聚乙二醇(PEG)的水溶液，蒸馏水。

四、实验步骤

(1) 乌氏黏度计(见图 3-1-2)的准备。

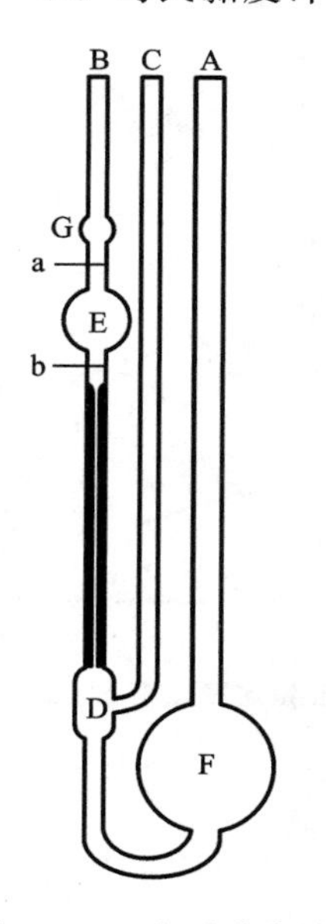

图 3-1-2　乌氏黏度计

在选择黏度计时，要考虑毛细管直径和 E 球大小，务必使纯溶剂流经 a、b 两刻度的时间大于 100 s，这样动能校正项可以忽略不计；毛细管直径不宜小于 0.5 mm，以防被堵塞影响流出时间的重现性。

① 先用热洗液(经砂芯漏斗过滤)将黏度计浸泡，再用自来水、蒸馏水分别冲洗几次，注意每次都要反复清洗毛细管部分，洗好后烘干备用。

② 把黏度计放置于玻璃恒温槽中，保持恒温 30 ℃。

(2) 配制溶液。

准确称量聚乙二醇样品约 2.5 g，用 100 mL 容量瓶配成水溶液。如溶液中有不溶物，则须用预先洗净并烘干的砂芯漏斗过滤(过滤时不能用滤纸，以免纤维混入)，然后装入锥形瓶中备用。

(3) 测定溶液黏度。

用移液管吸取已知浓度的聚乙二醇溶液 10 mL，由 A 管注入黏度计中，浓度记为 c_1，恒温 10 min 进行测定。测得刻度 a、b 之间的液体流经毛细管所需时间。重复 3 次，偏差应小于 0.3 s，取其平均值，即为 t_1 值。

然后分 4 次用移液管向 A 管准确加入 5 mL、5 mL、10 mL、10 mL 的蒸馏水，分别将溶液稀释，使溶液浓度分别为 c_2、c_3、c_4、c_5，按上述方法分别测定溶液流经毛细管的时间 t_2、t_3、t_4、t_5(应注意每次稀释后都要将溶液在 F 球中充分搅匀，可用洗耳球在 C 管中打气的方法，但不要将溶液溅到管壁上，最后将稀释液抽洗黏度计的毛细管、E 球和 G 球，使黏度计内各处溶液的浓度相等，而且必须恒温)。

(4) 溶剂流出时间的测定。

用蒸馏水洗净黏度计，尤其要反复清洗黏度计的毛细管部分。由 A 管加入约 15 mL 蒸馏水。用同样的方法测定溶剂流出的时间 t_0，并重复 3 次。

五、数据记录与处理

(1) 将实验数据与处理结果填入下面表格中。

恒温水浴温度：______ ℃。

准确称量的聚乙二醇质量：______ g；起始浓度：$c_1=$ ______ $g \cdot mL^{-1}$。

溶剂流出时间：$t=$ ______，______，______；平均值：$t=$ ______。

溶液/mL		10	10	10	10	10
溶剂(累计毫升数)/mL		0	5	10	20	30
溶液浓度/($g \cdot mL^{-1}$)						
溶液流出时间 t/s	1					
	2					
	3					
	平均值					
η_{sp}						
η_{sp}/c						
$(\ln\eta_r)/c$						

(2) 以 $\frac{\eta_{sp}}{c}$ 及 $\frac{\ln\eta_r}{c}$ 分别对 c 作图，得两条直线，外推至 $c=0$ 处，由截距求出$[\eta]$。

(3) 聚乙二醇的水溶液在 25 ℃时，$K=15.6\times10^{-2}\ mL \cdot g^{-1}$，$\alpha=0.5$；在 30 ℃时，$K=1.25\times10^{-2}\ mL \cdot g^{-1}$，$\alpha=0.78$。求聚乙二醇的平均相对分子质量。

六、思考题

(1) 特性黏度$[\eta]$就是溶液无限稀释时的比浓黏度，它与纯溶剂的黏度有无区别？为什么要用$[\eta]$来计算高聚物的相对分子质量？

(2) 评价黏度法测定水溶性高聚物相对分子质量的优缺点，适用的相对分子质量范围是多少？并指出影响准确测定结果的因素。

实验 3-2 Fe_3O_4@MOF 纳米复合材料的制备及热重分析

一、实验目的

(1) 熟悉 MOF 材料的定义和结构特点。

(2) 掌握共沉淀法制备 Fe_3O_4@MOF 材料的方法和原理。

(3) 了解热重分析法测量 MOF 材料的热稳定性。

二、实验原理

金属有机骨架(MOFs)材料是一类新型的有序多孔有机-无机杂化材料。它是通过过渡金属离子与有机配体的自组装作用而形成的具有周期性网络骨架的晶体多孔材料,其合成原理示意图如图 3-2-1 所示。它结合了高分子和配位化合物两者的特点,既不同于一般的有机聚合物,也不同于 Si-O 类的无机聚合物。MOF 材料的合成方法主要有溶剂挥发法,水热或溶剂热法,微波合成法,分层、扩散法,搅拌合成法等。其中,溶剂挥发法是选择合适的金属盐与有机配体,按一定的比例溶解在适当的溶剂中,禁止其挥发使其缓慢发生化学反应,从而生成聚合物单晶的方法。水热或溶剂热法是在高温高压的反应条件下,将在常温常压下难溶甚至不溶的反应物与溶剂一起放在密封的反应釜中,通过溶解或反应生成产物,降低温度使其达到一定的饱和度之后进而析出结晶。该方法的反应温度一般可以控制在 60～300 ℃之间,反应溶剂除了用水之外还可以根据反应物自身的特点选用不同的有机溶剂。

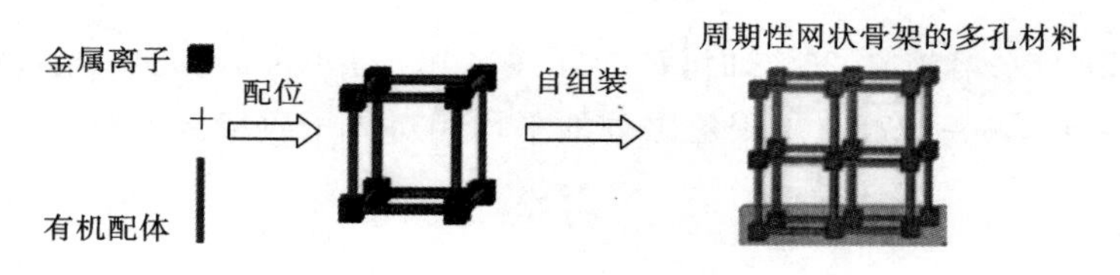

图 3-2-1 MOF 材料合成原理示意图

MOF 材料可分为以下六大类:

(1) IRMOF 材料,它是由分离的次级结构单元[Zn_4O]$^{6+}$ 无机基团与一系列芳香羧酸配体,以八面体形式桥连自组装而成的微孔晶体材料;

(2) ZIF 材料,即类沸石咪唑酯骨架材料,是利用 Zn(II)或 Co(II)与咪唑配体反应,合成的类沸石结构的 MOF 材料;

(3) CPL 材料,其结构由六配位金属元素与中性的含氮杂环类的 2,2′-联吡啶、4,4′-联吡啶、苯酚等配体配位而成;

(4) MIL 系列材料,它是使用不同的过渡金属元素与琥珀酸、戊二酸等二羧酸配体合成;

(5) PCN 材料,该材料含有多个八面立方体纳米孔笼,并在空间形成孔笼-孔道状拓扑结构;

(6) UiO 材料，由含 Zr 的正八面体[$Zr_6O_4(OH)_4$]与 12 个对苯二甲酸有机配体连接，形成包含八面体中心孔笼和 8 个四面体角笼的三维微孔结构。

MOF 材料具有易于制备、结晶度好、比表面积大、孔隙度高、结构可控性强及孔道表面易于修饰等特点，在气体存储、分离、催化、传感以及生物医学等领域具有广泛的应用前景。

热重法(thermogravimetry，TG)是在程序控制温度下，测量物质质量与温度关系的一种技术。热重法实验得到的曲线称为热重曲线，即 TG 曲线。如图 3-2-2 所示，TG 曲线以质量百分数为纵坐标，从上向下表示质量百分数减少，以温度(或时间)作为横坐标，自左至右表示温度(或时间)增加。在热重法中，被测物理量即为试样受热反应而产生的质量百分数变化。许多物质在加热过程中若发生如熔化、蒸发、升华、吸附等物理变化，或是脱水、解离、氧化、还原等化学变化，即引起质量百分数变化。TG 曲线所提供的信息主要有物理或化学变化过程对应的质量百分数变化以及温度区间。如图 3-2-2 所示曲线中陡降处为样品失重区，平台区为样品的热稳定区。

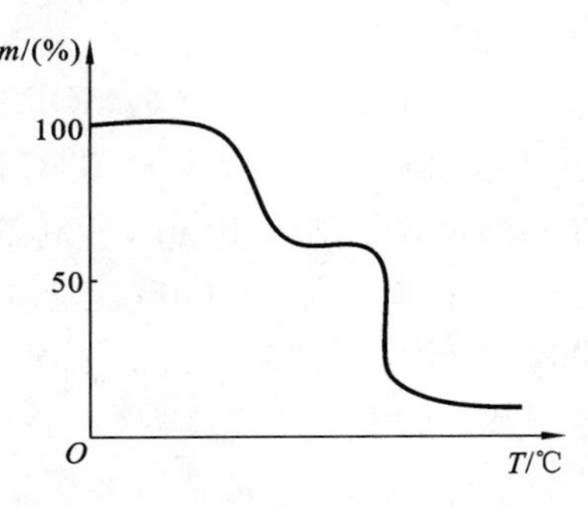

图 3-2-2　热重分析曲线

利用 TG 曲线可以研究聚合物的降解反应动力学。降解反应动力学是研究材料降解的速度随时间、温度的变化关系，并最终可以求出活化能、反应级数，对该反应机理进行解释。活化能是材料发生分解所需的临界能量，活化能越高，材料的热稳定性越好。材料的热分解动力学公式为

$$\frac{d\alpha}{dT}=\frac{A}{\beta}\exp\left(-\frac{E}{RT}\right)(1-\alpha)^n \tag{3-2-1}$$

式中：A 为指前因子，β 为升温速率$\left(\beta=\frac{dT}{dt}\right)$，$E$ 为活化能，R 为气体常数，n 为反应级数，α 为失重率。对式(3-2-1)进行对数变换处理，可得

$$\ln\left(\frac{d\alpha}{dT}\right)=\ln\frac{A}{\beta}-\frac{E}{RT}+n\ln(1-\alpha) \tag{3-2-2}$$

对式(3-2-2)进行变化可得

$$\ln\left[\beta\left(\frac{d\alpha}{dT}\right)\right]=\ln[A\ (1-\alpha)^n]-\frac{E}{RT} \tag{3-2-3}$$

在多个升温速率下，给定失重率，以 $\ln\left[\beta\left(\frac{d\alpha}{dT}\right)\right]$对$\frac{1}{RT}$作图，可知斜率为活化能，截距为 $\ln[A\ (1-\alpha)^n]$。

三、仪器与试剂

SHY-2A 双功能水浴恒温振荡器，热重分析仪，100 mL 和 200 mL 的烧杯各 4 个，100 mL 的量筒，塑料滴管若干，玻璃搅拌棒。

Sn，α-Al_2O_3，$FeCl_3\cdot 6H_2O$，$FeSO_4\cdot 7H_2O$，$NH_3\cdot H_2O$ (25%，质量百分数)，均苯三酸(H_3BTC)，N，N-二甲基酰胺(DMF)，H_2O_2(30%，质量百分数)，罗丹明 B，无水乙醇，一水合醋酸铜，去离子水。

四、实验内容

(1) $Fe_3O_4/Cu_3(BTC)_2$@MOF 纳米复合材料的制备。

① 准确称取 2.7 g $FeCl_3 \cdot 6H_2O$ 和 2.7g $FeSO_4 \cdot 7H_2O$ 溶于 60 mL 去离子水中，在 30 ℃下逐滴滴加质量分数为 25%氨水溶液($NH_3 \cdot H_2O$)至无沉淀产生，然后升温至 80 ℃反应 30 min(反应过程中必须要不断搅拌)。

② 反应完毕，将反应液冷却至室温，进行磁性分离，而后用水洗涤数次，即可得到 Fe_3O_4@MOF 纳米材料。

③ 将得到的 Fe_3O_4@MOF 纳米材料重新分散于 10 mL 无水乙醇中。

④ 准确称取 0.5 g H_3BTC 溶于 80 mL 体积比为 1∶1 的 DMF 和无水乙醇的混合溶液，在不断搅拌下加入 10 mL 所制备的 Fe_3O_4@MOF 纳米材料分散液，升温至 70 ℃。

⑤ 接着再加入 40 mL 溶有 0.86 g 一水合醋酸铜的水溶液，70 ℃下反应 4 h。产物经磁性分离，用水和无水乙醇洗涤 3 次，得到 $Fe_3O_4/Cu_3(BTC)_2$@MOF 纳米复合材料，100 ℃下真空干燥，备用。

(2) Fe_3O_4@MOF 纳米复合材料的热重测量。

① 将待测样品放入一只坩埚中精确称重(约 5 mg)，在另一只坩埚中放入质量基本相等的参比物(α-Al_2O_3)，然后将其分别放在有样品托的两个托盘上，盖好保温盖。

② 将微伏放大器量程开关置于适当位置，如±50 μV 或 100 μV。

③ 在氮气环境下，将升温速度设定为 5 ℃ · min^{-1}，开始升温。

④ 作温度-时间变化曲线，直至温度升至发生要求的相变且基线变平后，停止作图。

⑤ 打开炉盖，取出坩埚，待炉温降至 50 ℃以下时，关闭实验仪器。

⑥ 热重分析仪的使用操作说明，请参阅“4.2 热分析与测量仪器”。

五、数据记录与处理

(1) 记录制备 $Fe_3O_4/Cu_3(BTC)_2$@MOF 纳米复合材料的质量。

(2) 记录 Fe_3O_4@MOF 样品的热重曲线。

(3) 根据热重曲线，计算制备材料的反应活化能 E。

六、思考题

(1) $Fe_3O_4/Cu_3(BTC)_2$@MOF 纳米复合材料的优点有哪些?

(2) 如何提高 Fe_3O_4@MOF 纳米复合材料在乙醇溶液中的分散程度?

(3) 实验中为什么要选择适当的样品量和适当的升温温度?

(4) 为什么 TG 曲线的基线会发生漂移?

实验 3-3　线性扫描法测定金属阳极钝化曲线

一、实验目的

(1) 掌握线性扫描法测定金属极化曲线的基本原理和测试方法。

(2) 了解极化曲线的意义和应用。

(3) 掌握电化学工作站的操作方法。

二、实验原理

(1) 极化现象与极化曲线。

当电极处于平衡状态且电极上无电流通过时，这时的电极电势称为平衡电势。当有电流明显地通过电极时，电极的平衡状态被破坏，电极电势偏离平衡值，而且随着电极上电流密度的增加，电极反应的不可逆程度也随之增大，电极电势将越来越偏离平衡电势。这种由于有电流存在而造成电极电势偏离平衡电势的现象称为电极的极化。

在某一电流密度下，实际发生电解的电极电势与平衡电势之间的差值称为超电势。超电势的大小与流经电极的电流密度有关，超电势与电流密度的关系曲线称为极化曲线。极化曲线的形状和变化规律反映了电化学过程的动力学特征。除电流密度外，影响超电势的因素还有很多，如电极材料，电极的表面状态，温度，电解质的性质、浓度及溶液中的杂质等。在电解过程中，阳极上由于超电势使电极电势变大，阴极上由于超电势使电极电势变小。

金属的阳极极化过程是指金属作为阳极时在一定的外电势下发生的阳极溶解过程，如下式所示：

$$M \longrightarrow M^{n+} + ne^-$$

此过程只有在电极电势大于其平衡电势时才能发生。阳极的溶解速度(用电流密度表示)随电势变正而逐渐增大，这是正常的阳极溶出，但当阳极电势达到某一数值时，其溶解速度达到最大值，此后阳极溶解速度随电势变正反而大幅度降低，这种现象称为金属的钝化现象。

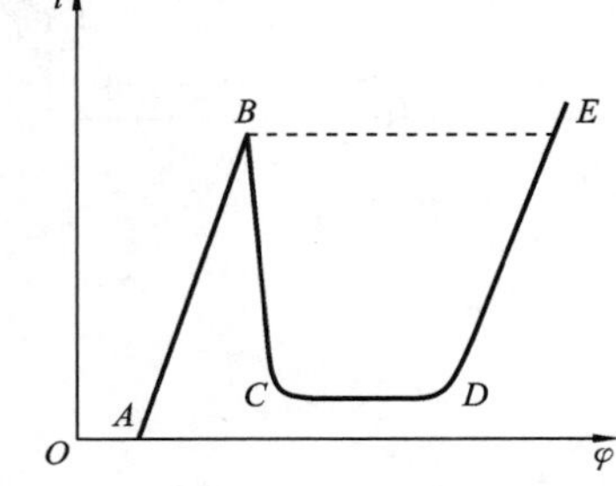

图 3-3-1　极化曲线

A—B. 活性溶解区；B. 临界钝化点；B—C. 过渡钝化区；C—D. 稳定钝化区；D—E. 超(过)钝化区

图 3-3-1 为钢在硫酸溶液中的阳极极化曲线。图中曲线表明，从 A 点开始，随着电势向正方向移动，电流密度也随之增加，电势超过 B 点后，电流密度随电势增加而迅速减至最小，这是因为在金属表面产生了一层电阻高、耐腐蚀的钝化膜。B 点对应的电势称为临界钝化电势，对应的电流称为临界钝化电流。电势到达 C 点以后，随着电势的继续增加，电流却保持在一个基本不变的很小的数值，该电流称为维钝电流，直到电势升到 D 点，电流才随着电势的上升而增大，表示阳极又发生了氧化过程，可能是有高价金属离子产生，也可能是有水分子放电析

出氧气，DE 段称为超(过)钝化区。

(2) 极化曲线的测定。

① 电势法。

电势法包括恒电势法和线性扫描法。

恒电势法：将电极电势恒定在某一数值，测定相应的稳定电流值，如此逐点地测量一系列各个电极电势下的稳定电流值，以获得完整的极化曲线。对某些体系，达到稳态可能需要很长时间，为节省时间，提高测量重现性，人们往往自行规定每次电势恒定的时间。

线性扫描法：控制电极电势以较慢的速度连续地改变(扫描)，并测量对应电势下的瞬时电流值，以瞬时电流与对应的电极电势作图，获得整条极化曲线。测试可用电化学工作站进行测量。该方法重现性好，可自动绘制。本实验采用线性扫描法。测量时，采用三电极体系。

② 恒电流法。

恒电流法就是控制研究电极上的电流密度依次恒定在不同的数值下，同时测定相应的稳定电极电势值。采用恒电流法测定极化曲线时，由于种种原因，给定电流后，电极电势往往不能立即达到稳态，不同的体系，电势趋于稳态所需要的时间也不相同，因此在实际测量时电势一般接近稳定(如 1～3 min 内无大的变化)即可读数，或人为自行规定每次电流恒定的时间。

三、仪器与试剂

电化学工作站 CHI660C 1 台，饱和甘汞电极 1 个，镍电极 1 个(工作电极)，铂电极 1 个(辅助电极)，0.5 mol·dm^{-3} H_2SO_4溶液。

实验装置图如图 3-3-2 所示。

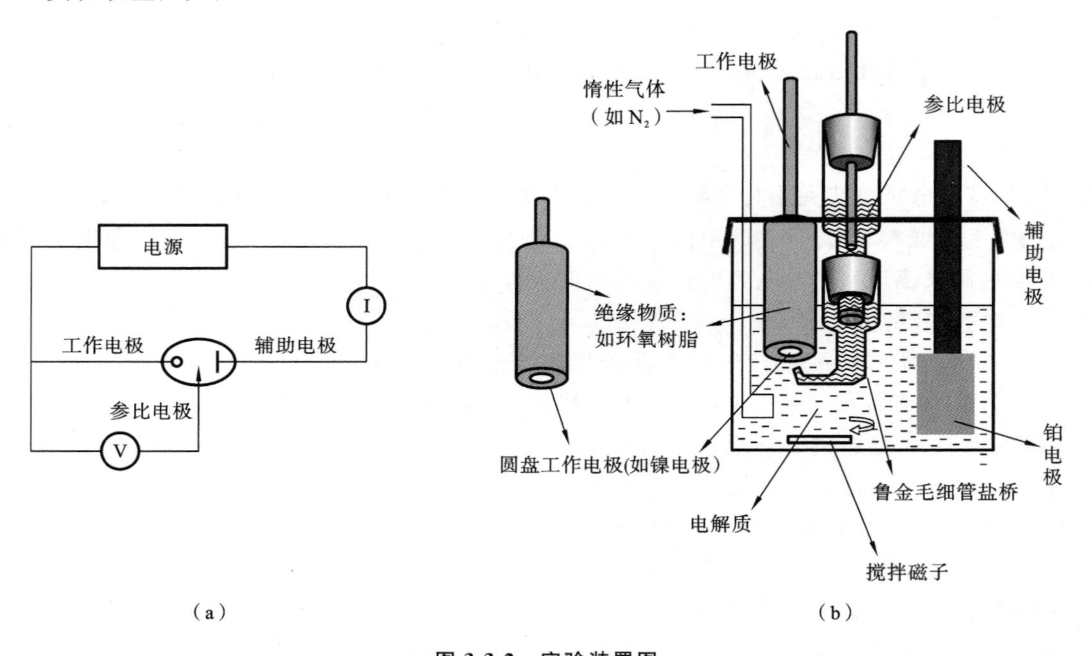

图 3-3-2　实验装置图

(a) 三电极电路示意图；(b) 三电极装置图

四、实验步骤

（1）镍电极预处理。

用金相砂纸将镍棒（直径 5 mm）打磨至镜面光亮，随后用丙酮、去离子水洗净。再用环氧树脂涂胶涂覆密封，放置 48 h 后至密封胶干燥。使用前再用金相砂纸仔细打磨电极底端（注意不能再用手接触表面，防止油渍污染）。镍电极预处理后即为工作电极，如图 3-3-2(a)所示。

（2）电解线路连接。

将 0.5 mol · dm^{-3} H_2SO_4 溶液倒入电解池中，镍电极为工作电极，连接盐桥的甘汞为参比电极，金属铂片电极为辅助电极。按照图 3-3-2(b)中所示安装好电极并与电化学工作站相应的接线柱相接：绿色夹连接工作电极，红色夹连接辅助电极，白色夹连接参比电极。

（3）线性扫描法测定镍在硫酸溶液中的钝化曲线。

① 开启电脑和电化学工作站（其操作界面见图 3-3-3），仪器预热 5 min。点击 CHI 快捷方式，启动 CHI 分析软件，进行仪器自检操作：Set up→Hardware test。自检成功后，显示各项参数 OK。

CHI660A Electrochemical Workstation - [Ec1]
File Setup Control Graphics DataProc Analysis Sim View Window Help

图 3-3-3 电化学工作站操作界面图

② 测定开路电位。

参数设置：Set up→Techniques→Open Circuit Potential-Time→OK，Run→Run Time (sec) (100)；其他参数默认→OK。

运行：点击▶(Run)，开始运行开路电位测定。

③ 测定阳极极化曲线。

参数设置：Set up→Techniques→Linear Sweep Voltammetry（线性伏安扫描）→OK，Parameters→Init E(V)（开路电位），Final E(V)（目标电位），Scan Rate(V/s)（扫描速度值）；其他参数为默认值。将“Auto Sense if Scan Rate<=0.01”选项打钩→OK。

运行：点击▶(Run)，开始运行阳极极化。

④ 数据储存：File→Save as→Text Files。设定文件名，文件名的形式最好为镍的阳极极化-班级-姓名，最后点击“Save”（保存）（切记要保存数据）。

（4）设计研究对象：通过改变扫描速度参数，研究最佳的扫描速度值；通过控制反应温度，研究温度对钝化曲线的影响。

（5）关闭电化学工作站电源，拆卸三电极测定装置。

（6）电化学工作站的使用操作说明，请参阅“4.3 电化学测量仪器”。

五、数据处理

（1）将数据导入 Origin 软件，以电流密度为纵坐标，以电极电势（相对饱和甘汞）为横坐标，绘制极化曲线。

（2）讨论所得实验结果及曲线的意义，指出钝化曲线中的活性溶解区、过渡钝化区、稳定钝化区和超（过）钝化区，并标出临界钝化电流密度（电势）、稳定钝化区电势范围的数值。

六、思考题

（1）金属钝化的基本原理是什么？

（2）测定极化曲线，为何需要三个电极？是否可以用两电极测量？

（3）线性扫描法研究镍电极的钝化曲线，最合适的扫描速度范围是多少？

（4）反应温度如何影响镍电极的钝化曲线？

实验3-4　锂离子电池正极材料的制备及电化学性能测试

一、实验目的

(1) 了解$LiMn_2O_4$(锰酸锂)的组成和结构特点。

(2) 掌握共沉淀法制备前驱体、高温固相煅烧制备$LiMn_2O_4$的反应原理。

(3) 掌握嵌入-脱嵌反应和锂离子电池的工作原理。

(4) 了解电池性能的主要参数和测试的主要方法。

二、实验原理

由于具有电压高、容量高、无污染、安全性好、无记忆效应等优异性能,锂离子电池自1991年实现商品化以来,其种类、性能和应用领域都得到了巨大的发展,已经成为最重要的二次电池之一,在手机、笔记本电脑、摄像机、便携式DVD、电动汽车甚至核潜艇上都得到了广泛应用。而锂离子电池的相关研究也成为当前化学电源研究的重要领域。

锂离子电池性能的优劣主要取决于电池的正极。$LiMn_2O_4$是重要的锂离子电池正极活性材料之一,其结构见图3-4-1。该结构为锂离子的迁移提供了三维通道。

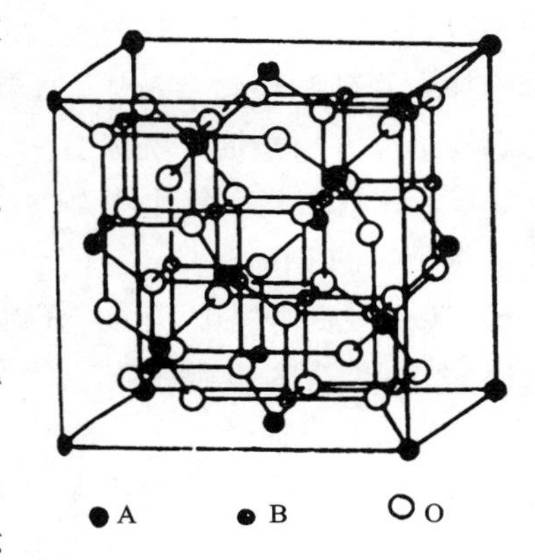

图3-4-1　$LiMn_2O_4$(尖晶石晶体)结构图

在充电过程中,锂离子从正极脱出,嵌入负极活性物质;而放电过程中,是锂离子回嵌的过程,因此锂离子电池又称为“摇椅式”电池。电池充放电时,正极活性材料中Li^+的迁移过程可用下式表示。

充电时:　$LiMn_2O_4 \longrightarrow xLi^+ + Li_{1-x}Mn_2O_4 + xe^-$　$(0 \leqslant x \leqslant 1)$

放电时:　$Li_{1-x}Mn_2O_4 + yLi^+ + ye^- \longrightarrow Li_{1-x+y}Mn_2O_4$　$(0 \leqslant x \leqslant 1, 0 \leqslant y \leqslant x)$

$LiMn_2O_4$的制备方法很多,常用的有高温固相法、低温固相法和液相法(溶胶-凝胶法)等。其中,低温固相法和液相法虽然反应温度低,但产物的电化学性能不令人满意,且不适合工业化生产的需要。所谓高温固相法,就是在高温下使锰源化合物与锂源化合物反应生成$LiMn_2O_4$。

由于$LiMn_2O_4$在高温下容量衰减较快,需通过钴离子掺杂进行改性制备$LiMn_{1.85}Co_{0.15}O_4$。对固相反应而言,原料的分散状态(粒度)、孔隙度、装填密度、反应物的接触面积等对固-固反应速度有很大的影响,必须将反应物粉碎并混合均匀,以使原子或离子的扩散比较容易进行。就本实验所制$LiMn_{1.85}Co_{0.15}O_4$而言,采用共沉淀法制备锰钴碳酸盐前驱体以达到离子程度的均匀混合,然后混锂后再进行高温煅烧制备出目标化合物。

三、仪器和试剂

(1) 仪器:X 射线衍射仪,充放电测试仪(Neware-4100),箱式电阻炉(马弗炉),磁力搅拌器,陶瓷坩埚,电子分析天平,恒温鼓风干燥箱,研钵,压力机,手套箱。

(2) 试剂:2 mol·L^{-1}硝酸锰钴(Mn∶Co=1.85∶0.15)溶液,碳酸钠,碳酸锂,金属锂片,Celgard 2400 隔膜,PVDF 黏合剂(13%),乙炔黑,石墨,电解液(1.15 mol·L^{-1} $LiPF_6$的碳酸乙烯酯(EC)-碳酸二甲酯(DMC)-碳酸二乙酯混合溶液(DEC)(质量比为 EC∶DMC∶DEC=3∶1∶1),电池壳。所有试剂均为分析纯。

四、实验内容

(1) $Mn_{0.925}Co_{0.075}CO_3$的制备。

取 2 mol·L^{-1}的硝酸锰钴溶液 40 mL (约 0.08 mol),倒入烧杯中。称取 8.9 g 碳酸钠倒入另一烧杯中,然后加去离子水约 80 mL,摇动至完全溶解。将搅拌磁子放入硝酸锰钴溶液中,然后置于电磁搅拌器上进行搅拌,并开始加热,待温度升至约 50 ℃,用滴管将碳酸钠溶液缓慢加入到硝酸锰钴溶液中(约半小时加完),控制溶液最终 pH 值为 7.5~8,持续搅拌 1 h,将沉淀抽滤并用蒸馏水洗涤 5~6 次,而后置于恒温鼓风干燥箱中于 110 ℃烘干。

(2) 锂锰钴复合氧化物 $LiMn_{1.85}Co_{0.15}O_4$的制备。

将干燥的 $Mn_{0.925}Co_{0.075}CO_3$与摩尔比 1∶0.27 的碳酸锂在研钵中研磨混匀(需 45~60 min),转入陶瓷坩埚中,压实,开口放置在马弗炉中,于 600 ℃下反应 4 h,然后升温至 850 ℃反应 12 h,自然冷却到室温。

(3) 结构表征。

将反应产物从马弗炉中取出,用研钵研细,装袋,标明条件,然后进行 XRD 表征。

(4) 电极的制备。

将 $LiMn_2O_4$粉末、石墨、乙炔黑以及作为黏合剂的 PVDF(13%)按质量分数比 86∶2∶6∶6 的比例混合均匀,加入适量的溶剂 N-甲基吡咯烷酮(NMP)后,在研钵中研磨成凝胶状物;将此凝胶状物均匀涂布在铝箔上,放入 110 ℃的鼓风干燥箱中干燥 2 h;从铝箔上剪取三块大小相似的正方形活性物,用压片机 10 MPa 压片,称重,计算正极活性物的质量,然后放入真空手套箱中,2 h 后进行电池的组装。

(5) 电池的装配。

电池装配在手套箱中进行。在电池壳中按照正极壳、工作电极极片、隔膜、锂片、垫片、弹片和负极壳的顺序进行组装,而后加入适量的电解质溶液,再在模具上密封。每组装配 3 个电池,如图 3-4-2 所示。

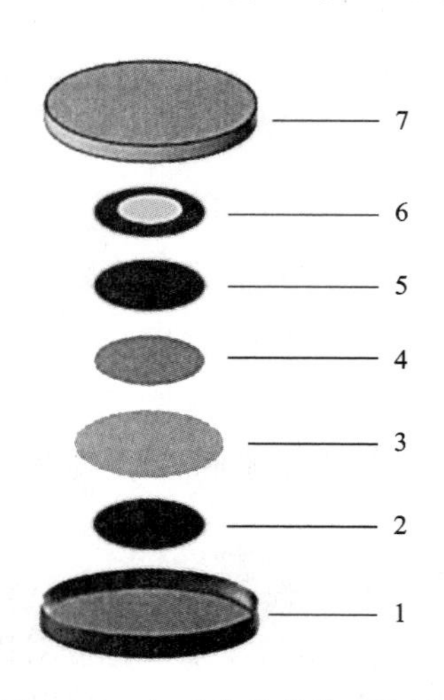

图 3-4-2 扣式电池结构示意图

1. 正极壳;2. 工作电极极片;3. 隔膜;4. 锂片;5. 垫片;6. 弹片;7. 负极壳

(6) 电池性能测试。

将密封好的电池放置半小时，而后分别接到充放电测试仪上，设定好充放电电流和充放电截止电压(3.3～4.3 V)，再开始运行。至少进行3次循环，大约要2天。仪器会自动记录充放电曲线，如图3-4-3所示。

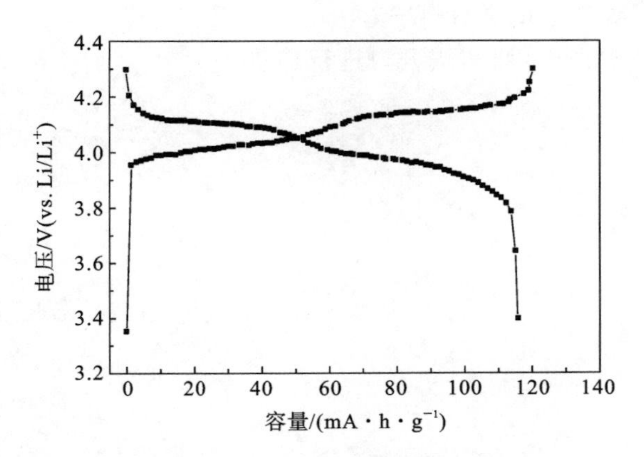

图3-4-3 $LiMn_{1.85}Co_{0.15}O_4$ **的充放电曲线**

五、数据记录与处理

本实验的数据主要包括以下几个。

(1) XRD衍射图。在10°＜2θ＜70°范围内扫描，确定产物物相(见图3-4-4)，计算晶胞参数。

(2) 充放电曲线。打印充放电曲线并分析电池性能：① 初充电容量；② 第1次放电容量；③ 充放电效率(放电电量与充电电量之比)；④ 电池容量保持率(第3次放电容量和第1次放电容量的比值)。

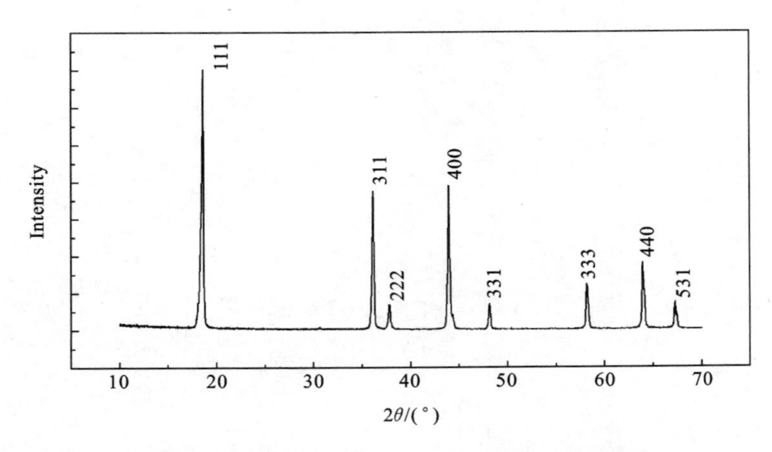

图3-4-4 尖晶石 $LiMn_{1.85}Co_{0.15}O_4$ **的XRD图**

六、思考题

（1）为什么称取锂锰原料时锂盐要稍微过量？

（2）影响固-固反应速度的因素有哪些？

（3）为什么制备锰酸锂时要将坩埚开口进行加热？

实验3-5　铜金属表面改性及接触角测定

一、实验目的

(1) 通过电化学沉积和化合物接枝对金属铜表面进行疏水化改性，并测量改性前后金属表面的接触角。

(2) 了解疏水化改性的原理。

(3) 掌握金属表面接触角的测定方法。

二、实验原理

金属表面的润湿性能对金属的表面性质具有重大意义。润湿性的好坏通常以接触角(见图3-5-1)大小来衡量，接触角 $\theta<90°$ 可认为液体能润湿固体，且角度越小，说明液体对固体的润湿性越好；接触角 $\theta>90°$ 则视为液体对固体不润湿，角度越大，不润湿程度越大。与水的接触角大于150°的表面称之为超疏水性表面，广泛应用于自清洁、防水防雾、防止电流传导、水油分离、抗菌防腐蚀、减阻和抗结冰等方面。

通常，制备超疏水性表面的过程包括两步：一是在材料表面产生一定的粗糙结构，二是在粗糙表面物理沉积或化学接枝表面自由能低的物质。在材料表面产生粗糙结构的方法主要有化学刻蚀法、化学气相沉积法、溶胶-凝胶法和电化学沉积法等。

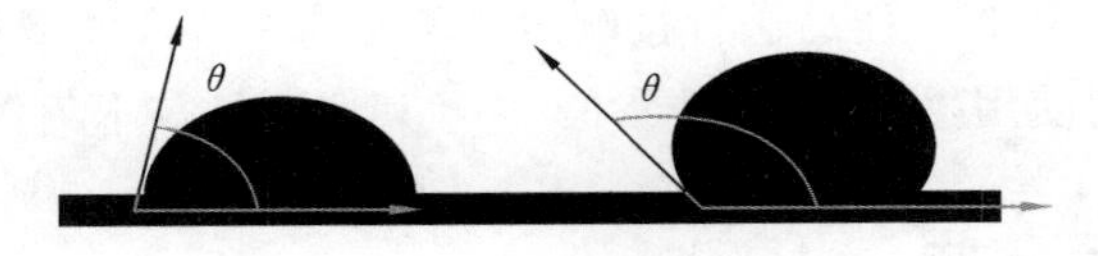

图3-5-1　接触角示意图

本实验采用电化学沉积法，在两电极电解池中，以待改性的金属铜片为阴极，以铂电极为阳极，$CuCl_2$ 作电解液，使用恒电位模式，Cu^{2+} 在阴极上被还原，沉积出一层致密的纳米尺寸的铜单质，在原金属表面构筑微米-纳米双重结构，增加表面粗糙度，此时金属表面富含羟基，能与表面自由能低的硬脂酸发生酯化反应而接枝成功(见图3-5-2)，使金属表面具有超疏水的性能。通过接触角的测定检测金属改性后的疏水性。

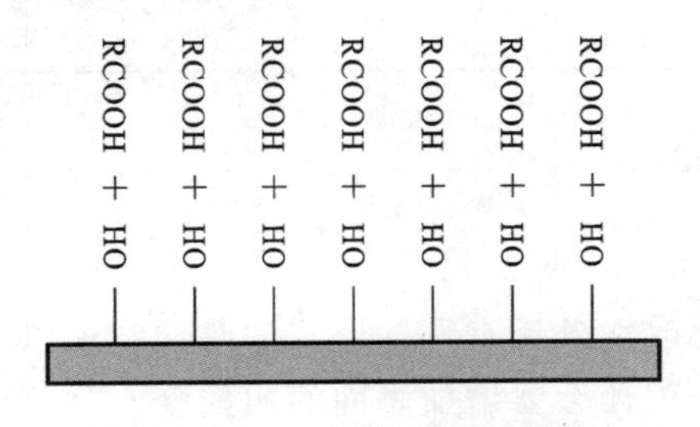

图3-5-2　金属表面接枝原理

三、仪器与试剂

直流稳压电源(0～30 V)1 台,接触角测定仪(Krüss Easydrop DSA 20)1 台,金属铜片 3 块,铂电极 1 个,100 mL 烧杯 3 个。

15 mmol 的 $CuCl_2$ 溶液,去离子水,乙醇(A. R.),丙酮(A. R.),0.5%(质量分数)的硬脂酸乙醇溶液。

四、实验内容

(1) 铜表面预处理。

取 3 片金属铜片放在 0.1 mol·L^{-1} 的硝酸中浸泡 5 min,以除去表面的氧化物,然后依次用去离子水、乙醇、丙酮超声清洗 10 min,用氮气吹干待用。

(2) 电化学沉积。

以待改性的金属铜片为阴极,以铂电极为阳极,以 15 mmol 的 $CuCl_2$ 溶液为电解液,组成电解池,电压恒定在 1.5 V,3 个样品分别通电 10 min、15 min、20 min 后取出,用去离子水冲洗表面残留的电解质溶液。

(3) 硬脂酸修饰。

将上述处理好的铜片分别放入质量分数为 0.5%的硬脂酸乙醇溶液中,浸泡 15 min 取出,用氮气吹干。

(4) 接触角测定。

用接触角测定仪对上述 3 个样品进行接触角测量。每个样品测 3 次,取平均值。

(5) 接触角测定仪的使用操作说明,请参阅“4.5 其他测量技术与仪器”。

五、数据记录与处理

将实验数据记录在下表中。

样品	通电时间	θ_1	θ_2	θ_3	$\bar{\theta}$
样品 1	10 min				
样品 2	15 min				
样品 3	20 min				

六、思考题

(1) 金属表面除了疏水化改性外还有哪些形式的改性?可以用于哪些方面?

(2) 疏水化改性的第一步为什么要增加表面的粗糙度?

(3) 接触角测量的方法有哪些?各有什么优缺点?

实验3-6　纳米Al_2O_3的制备及其粒径分布测定

一、实验目的

(1) 了解纳米材料的基本知识。
(2) 学习纳米Al_2O_3的制备方法。
(3) 了解粒度分析的基本原理及测量方法。

二、实验原理

已知的Al_2O_3有10多种晶型，其中最主要的有两种晶型，即α-Al_2O_3、γ-Al_2O_3，它们均为白色晶体。自然界中的α-Al_2O_3俗称刚玉，是属于六方最密堆积晶体，熔点高，硬度高，不溶于酸碱溶液，耐腐蚀，绝缘性好，是许多宝石的主要成分。α-Al_2O_3常用于制造各种耐高温材料，还可作研磨剂、阻燃剂、填充料等；高纯度的α-Al_2O_3还是生产人造刚玉、人造红宝石和蓝宝石的原料。γ-Al_2O_3属立方紧密堆积晶体，不溶于水，但能溶于酸和碱。γ-Al_2O_3是一种多孔性物质，每克的内表面积高达数百平方米，活性高，吸附能力强，因此它常被用作吸附剂、催化剂及催化剂载体。

实验室制备α-Al_2O_3的方法很多，但通常先采用液相沉淀法制备氢氧化铝凝胶，然后再通过高温煅烧得到α-Al_2O_3。通过液相法制备纳米Al_2O_3的过程是一个从分子尺度(10^{-10} m)到纳米尺度(10^{-9}～10^{-7} m)的过程，其粒径大小及分布受到反应温度、时间、pH值、添加剂等因素的影响。一般来说，想制备超细的纳米Al_2O_3需要克服粒子之间的由于表面能过大而引起的团聚现象。因此，在制备过程中必须加入分散剂来克服团聚现象，一般会选用高分子或表面活性剂。

本实验中，我们采用不同分子量的聚乙二醇(PEG)作为分散剂，利用液相沉淀法制备氢氧化铝凝胶，然后经过高温煅烧得到α-Al_2O_3，并通过动态光散射测定制备的纳米Al_2O_3的粒径及粒径分布。

纳米材料的粒径及粒径分布有多种测量手段，本实验中采用动态光散射的方法测定纳米Al_2O_3的水合粒径(流体力学半径)及粒径分布。

动态光散射，也称作光子相关光谱或准弹性光散射，是一种物理表征手段，用来测量溶液或悬浮液中的粒径分布，也可以用来测量如高分子浓溶液等复杂流体的行为。当光照射到小于其波长的小颗粒上时，光会向各个方向散射(瑞利散射)。如果光源是激光，在某一方向上，我们可以观察到散射光的强度随时间而波动，这是因为溶液中的微小颗粒在做布朗运动，且每个发生散射颗粒之间的距离一直随时间变化。来自不同颗粒的散射光因相位不同而产生建设性或破坏性干涉。所得到的强度随时间波动的曲线带有引起散射的颗粒随时间移动的行为。

动态光散射的测试原理可简单表述如下，其原理图如图3-6-1所示。

(1) 动态光散射直接测定的是散色光强随时间的波动，而这个波动与粒子的布朗运动密切相关。

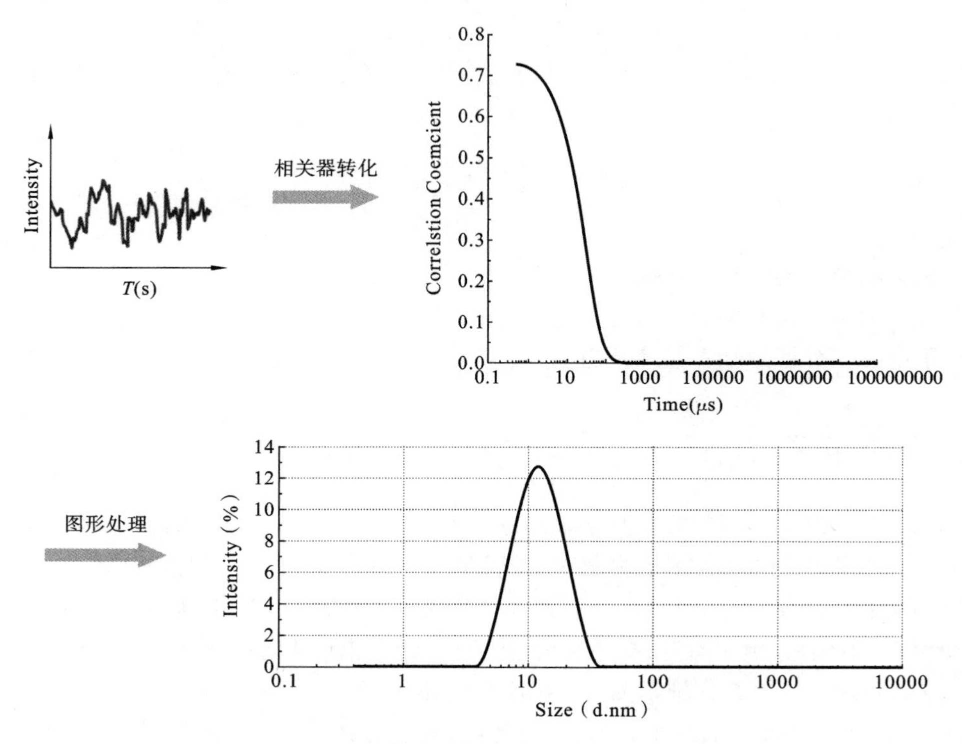

图 3-6-1　动态光散射原理

(2) 光子相关器将光强的波动转化为相关方程。

(3) 相关方程检测光强波动的速度，从而得到粒子的扩散速度信息和粒子的粒径 $d(h)$，从相关方程还可以得到尺寸的分布信息。

动态光散射测定的是粒子的流体力学半径及分布，可以同时得到光强分布、体积分布和数量分布以及 3 种粒径。总的来说，$d(\text{intensity}) > d(\text{volume}) > d(\text{number})$。因此，在比较粒径大小时，需要在同样的标准下比较。

三、仪器与试剂

磁力加热搅拌器，马弗炉，分析天平，250 mL 烧杯 4 个，50 mL 烧杯 4 个，100 mL 量筒 2 支，容量瓶 500 mL 1 个，25 mL 滴液漏斗 4 个，40 mL 陶瓷坩埚 4 个，陶瓷研钵 4 个，Zetasizer Nano 测定仪。

十二水硫酸铝铵，浓氨水(25%)，聚乙二醇(PEG，分子量 M=200、800、2000、4000)，无水乙醇。

四、实验内容

(1) 将十二水硫酸铝铵(M=453.33)配置成 0.1 mol · L^{-1}的溶液 500 mL。

(2) 取 100 mL 硫酸铝铵溶液至 250 mL 烧杯中，加入 3 g PEG(M=200)，50 ℃下用磁力加热搅拌器搅拌 10 min 左右至澄清溶液。用滴液漏斗缓慢地滴加 25 mL 浓氨水(10 min 滴完)，再继续搅拌 5 min。

(3) 抽滤，并用蒸馏水及无水乙醇分别洗涤两次。将得到的沉淀在 80 ℃下烘干，转移到陶瓷坩埚中。

(4) 选取不同分子量的 PEG (M=800、2000、4000)，重复步骤(2)和(3)的操作。

(5) 将制备的所有样品放入马弗炉中(1000 ℃)煅烧 2 h。待温度冷却后，将样品分别用研钵研磨成粉。

(6) 取少量样品粉末于 50 mL 小烧杯中，加入 30 mL 超纯水，超声振荡 15 min 使其在水中均匀分散。取上层胶体溶液(3 mL 左右)测定其粒径及粒径分布。

(7) Zetasizer Nano 测定仪的使用操作说明，请参阅“4.5 其他测量技术与仪器”。

五、数据记录与处理

采用不同分子量的 PEG 作分散剂，测氧化铝粉体的粒径分布曲线。曲线的峰宽反映体系中所含颗粒尺寸的均匀程度，峰宽越窄，则粒子的粒度越均匀。

(1) 根据实验结果填写下表：

PEG 的分子量	氧化铝的平均粒径/nm	氧化铝的峰宽/nm	粒径分布系数
200			
800			
2000			
4000			

(2) 根据实验数据，以 PEG 的分子量为横坐标，以氧化铝的平均粒径为纵坐标，以峰宽为纵轴偏差作柱形图。

六、思考题

(1) 结合实验结果，说明 PEG 的分子量对氧化铝粒径的影响?

(2) 在制备氢氧化铝胶体时，我们选择了氨水，可否选用氢氧化钠溶液？并说明原因。

(3) 本实验为什么需要用到超纯水分散纳米 Al_2O_3?

(4) 本实验所制备的胶体溶液浓度过高或过低对测试结果有何影响?

实验 3-7 酪蛋白等电点及 Zeta 电势的测定

一、实验目的

(1) 掌握利用动态光散射测定 Zeta 电势(ζ-电势)的方法。

(2) 了解蛋白质等生物大分子等电点的意义及其聚沉之间的关系。

(3) 了解电解质对大分子胶体聚沉及 ζ-电势的影响。

二、实验原理

胶体颗粒在液体中是带电的。当固体与液体接触时,固-液两相界面上就会带有相反符号的电荷。粒子表面存在的净电荷,影响粒子界面周围区域的离子分布,导致接近表面抗衡离子(与粒子电荷相反的离子)浓度增加。于是,每个粒子周围均存在双电层。

围绕粒子的液体层存在两部分:一部分是内层区,称为 Stern 层,其中离子与粒子紧紧地结合在一起;另一部分是外层分散区,其中离子不那么紧密地与粒子相吸附。在分散层内,有一个抽象边界,在边界内的离子和粒子形成稳定实体。当粒子运动时(如由于重力),在此边界内的离子随着粒子运动,但此边界外的离子不随着粒子运动。这个边界称为流体力学剪切层或滑动面。在这个边界上存在的电位称为 ζ-电势。

根据 DLVO 理论,ζ-电势可用来作为胶体体系稳定性的指示。如果颗粒带有很多负电荷或正电荷,也就是说它的 Zeta 电位很高,它们会相互排斥,从而达到整个体系的稳定性;如果颗粒带有很少负电荷或正电荷,也就是说它的 Zeta 电位很低,它们会相互吸引,从而造成整个体系不稳定。一般来说, Zeta 电位愈高,颗粒的分散体系愈稳定,水相中颗粒分散稳定性的分界线一般认为是+30 mV 或-30 mV,如果所有颗粒都带有高于+30 mV 或低于-30 mV 的 Zeta 电位,则该分散体系应该比较稳定。

蛋白质分子在水溶液中表现为大分子胶体形式,由于其结构中带有很多羧基和氨基等酸性或碱性基团,在 pH 值较高的溶液中,离解生成 $P—COO^-$ 离子而负带电;在 pH 值较低的溶液中,生成 $P—NH_3^+$ 离子而带正电。而在某个 pH 值时,蛋白质分子净电荷为零(即正负电荷相等),此时蛋白质分子颗粒在溶液中因没有相同电荷的相互排斥,分子之间的相互作用力减弱,其颗粒极易碰撞、凝聚而产生沉淀。我们把此时的 pH 值称为该蛋白质的等电点(PI)。

本实验采用浑浊度观察与 ζ-电势测试两种方法测定酪蛋白的等电点。酪蛋白不同的 pH 值下形成的浑浊程度可以简单判断其等电点的值。利用 ζ-电势的测定可以定量地发现蛋白质在不同 pH 值下呈现不同的电性。

ζ-电势的测定有多种方法,本实验采用动态光散射法测定。在一平行电场中,带电颗粒向相反极性的电极运动,颗粒的运动速度与下列因素有关:电场强度、介质的介电常数、介质的黏度(均为已知参数)、Zeta 电势(未知参数)。Zeta 电势与电泳淌度之间的关系可由 Henry 方程确定:

$$\zeta=\frac{\eta}{\varepsilon}U_E$$

式中：U_E表示电泳淌度，ε 表示介电常数，η 表示黏度，ζ 表示 Zeta 电势。

由 Henry 方程可以看出，只要测得粒子的电泳淌度，查到介质的黏度、介电常数等参数，就可以求得 Zeta 电势。将蛋白质溶液样品加入到图 3-7-1 的样品池中，当外加电压时，蛋白质分子由于带电将在毛细管中产生电泳现象。当一束激光照射在正在电泳的样品上时，由于颗粒的运动，散射光的频率发生偏移，因此其频率的偏移与电泳速率有关。散射光与参考光叠加后，频率变化表现得更为直观，更容易观测。将光信号的频率变化与粒子运动速度联系起来，即可测得粒子的电泳淌度，并进一步计算得到 ζ-电势。

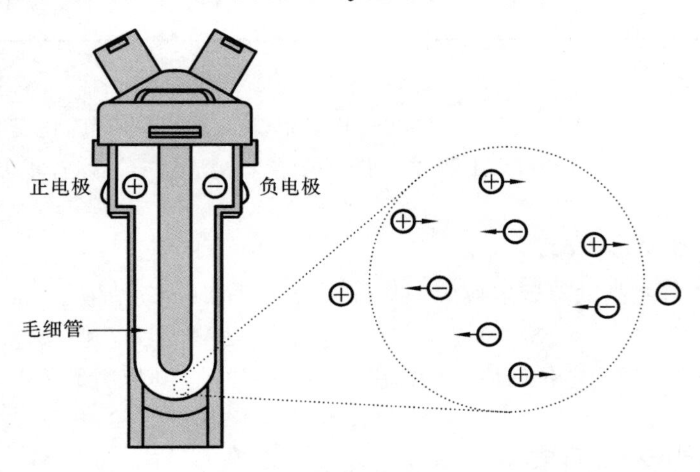

图 3-7-1　Zeta 电势

三、仪器及试剂

(1) 仪器：Zetasizer Nano 测定仪，小试管 6 个，试管架 1 个，10 mL 刻度吸管 2 支，1 mL 刻度吸管 4 支，500 mL 容量瓶 1 个，250 mL 烧杯 1 个，100 mL 量筒 1 支，50 mL 量筒 2 支。

(2) 试剂：0.01 $mol \cdot L^{-1}$ 醋酸溶液，0.1 $mol \cdot L^{-1}$ 醋酸溶液，1 $mol \cdot L^{-1}$ 醋酸溶液，1 $mol \cdot L^{-1}$ 氢氧化钠溶液，0.15 $mol \cdot L^{-1}$ NaCl 溶液，1 $mol \cdot L^{-1}$ NaCl 溶液，1 $mol \cdot L^{-1}$ $CaCl_2$ 溶液，酪蛋白。

四、实验内容

(1) 酪蛋白溶液的制备。

称取 2.5 g 酪蛋白，加入 200 mL 蒸馏水，50 mL 1 $mol \cdot L^{-1}$ 氢氧化钠溶液，40 ℃水浴加热使其完全溶解，将完全溶解的酪蛋白溶液转移到 500 mL 的容量瓶中。在容量瓶中加入 50 mL 1 $mol \cdot L^{-1}$ 的醋酸溶液，最后加入蒸馏水定容至 500 mL，得到略显浑浊的溶液。

(2) 等电点的定性分析。

取 5 支小试管，按照下表的剂量准确加入相应试剂(酪蛋白溶液最后加入)，混合均匀。计时 15 min,并观察试管内溶液的浑浊度(浑浊度以+,++,+++表示)。浑浊度最大的样品,其 pH 值近似为酪蛋白的等电点。

编号	蒸馏水/mL	$1\ mol \cdot L^{-1}$ 醋酸/mL	$0.1\ mol \cdot L^{-1}$ 醋酸/mL	$0.01\ mol \cdot L^{-1}$ 醋酸/mL	0.5%酪蛋白溶液/mL	pH 值	浑浊度
1	8.4			0.6	1.0	5.9	
2	8.7		0.3		1.0	5.3	
3	8.0		1.0		1.0	4.7	
4				9.0	1.0	4.1	
5	7.4	1.6			1.0	3.5	

(3) ζ-电势的测定。

将 1 号样品按上表的计量重新配置,混合均匀后立即加入到 Zeta 电势测定样品池中,在动态光散射仪中选择 Zeta Potential 测试,并记录结果。清洗样品池,重复 2～5 号样品的测试。

(4) 盐度对 ζ-电势的影响。

将配置表中 1 号样品的蒸馏水换成 150 $mmol \cdot L^{-1}$的 NaCl 溶液、1 $mol \cdot L^{-1}$的 NaCl 溶液、1 $mol \cdot L^{-1}$的 $CaCl_2$溶液,观察现象,并按照(3)的方法测定 ζ-电势。

(5) Zetasizer Nano 测定仪的使用操作说明,请参阅“4.5 其他测量技术与仪器”。

五、数据记录与结果

(1) 根据 1～5 号样品的数据以 pH 值为横坐标,以 ζ-电势为纵坐标作图,绘制 pH 值对 ζ-电势的影响关系图。

(2) 根据 1 号样品在不同电解质中的 ζ-电势数据,以离子强度为横坐标,以 ζ-电势为纵坐标作图,绘制溶液离子强度与 ζ-电势的关系图。

六、思考题

(1) 为什么蛋白质在不同 pH 值下的 ζ-电势不同?

(2) 为什么盐度对蛋白质的 ζ-电势有影响?

(3) 还有哪些因素对蛋白质的 ζ-电势有影响?

实验3-8　废旧纺织纤维基活性炭材料的制备及BET比表面积测定

一、实验目的

(1) 掌握废旧纺织纤维基活性炭材料的制备方法。

(2) 掌握BET比表面积测定的原理及方法。

(3) 了解自动吸附仪的操作方法。

二、实验原理

(1) 废旧纺织纤维基活性炭的制备方法介绍。

纺织纤维材料包括天然纤维和人工合成纤维材料,主要为棉纤维、羊毛纤维、涤纶纤维、锦纶纤维等,是人类生活不可缺少的重要物质基础。因此,大量的废旧纺织纤维材料也随之产生。据统计,我国每年产生的废旧纺织纤维品达到2600万吨,其中综合利用率仅有10%,绝大多数废旧纺织纤维资源被丢弃,没有得到合理利用。如何利用废旧纺织纤维将成为资源循环利用、保护环境的重要课题。

目前,废旧纺织纤维再利用主要通过以下途径实现:一是对具有使用价值的废旧纺织品,继续让其在市场中流通使用;二是通过二次再加工、再处理技术,使废旧纺织品纤维成为复合材料;三是通过化学方法,将废旧纺织品加工成化工原料;四是作为燃料,将其燃烧产生能量而使用。将废旧纺织纤维材料通过热解、活化方法制备成活性炭材料,所得的活性炭材料可以在环境、能源等领域应用,从而实现变废为宝和资源再利用。

当前,制备活性炭的方法有物理活化法和化学活化法。物理活化法可分为炭化和活化两个阶段。炭化是在惰性气体的环境下,于400 ℃以上对原料进行热分解处理,将原料中的O原子和H原子以H_2O、CO、CO_2、CH_4以及小分子醛类等形式除去,也有部分以焦油的形式蒸发除去,排除大部分非碳组分,C原子不断环化、芳构化,结果是H、O、N等原子不断减少,C原子不断富集,最后形成富碳或纯碳物质。炭化后的原料中含有一部分的碳氢化合物,所形成的额细孔容积小且易被堵塞,所以此时的活性炭吸附性能较低,需要通过活化提高其吸附性。活化是利用水蒸气、二氧化碳或空气等氧化性气体与炭化原料进行反应,使其具有发达的孔隙结构。

化学活化法是将原料以一定的比例加入到活化剂KOH、K_2CO_3、$ZnCl_2$或磷酸等进行浸渍处理,然后在惰性气体介质中加热,同时进行炭化、活化,通过一系列的交联或缩聚反应形成丰富的微孔,同时也改变了活性炭表面官能团的类型和数量。化学活化法中的炭化、活化步骤通常一步完成,活化时间较短且温度较低,具有能耗低、产率高的优点,炭的活化程度可通过浸渍比调节,所制备的活性炭比表面积大。本实验采用$ZnCl_2$浸渍活化法制备活性炭材料。

(2) BET法测量活性炭比表面积。

比表面积是衡量活性炭材料性能的重要指标。BET法测量比表面积是测量固体表面多层吸附模型的方法，主要是以氮气为吸附质，以氦气或氢气作载气，两种气体按一定比例混合，达到指定的相对压力，然后流过固体物质。当样品管放入液氮保温时，样品即对混合气体中的氮气产生物理吸附，而载气则不被吸附。这时屏幕上即出现吸附峰。当液氮被取走时，样品管重新处于室温，吸附氮气就脱附出来，在屏幕上出现脱附峰。最后在混合气体中注入已知体积的纯氮，得到一个校正峰。根据校正峰和脱附峰的面积，即可算出在该相对压力下样品的吸附量。改变氮气和载气的混合比，可以测出几个氮的相对压力下的吸附量，从而可根据 BET 公式计算比表面积：

$$\frac{p}{V(p_0-p)}=\frac{1}{V_m C}+\frac{C-1}{V_m C}\frac{p}{p_0} \tag{3-8-1}$$

式中：p——氮气分压，Pa；

p_0——吸附温度下液氮的饱和蒸气压，Pa；

V_m——样品上形成单分子层需要的气体量，mL；

V——被吸附气体的总体积，mL；

C——与吸附有关的常数。

以$\frac{p}{V(p_0-p)}$对$\frac{p}{p_0}$作图可得一直线，其斜率为$\frac{C-1}{V_m C}$，截距为$\frac{1}{V_m C}$，由此可得

$$V_m=\frac{1}{\text{斜率}+\text{截距}} \tag{3-8-2}$$

若已知每个被吸附分子的截面积，可求出被测样品的比表面积，即

$$S_g=\frac{V_m N_A A_m}{2240W}\times 10^{-18} \tag{3-8-3}$$

式中：S_g——被测样品的比表面积，$m^2 \cdot g^{-1}$；

N_A——阿伏伽德罗常数；

A_m——被吸附气体分子的截面积（nm^2）；

W——被测样品质量（g）。

BET 公式的适用范围为 $p/p_0=0.05 \sim 0.35$。这是因为比压小于 0.05 时，压力大小建立不起多分子层吸附的平衡，甚至连单分子层物理吸附也还未完全形成。在比压大于 0.35 时，由于毛细管凝聚变得显著起来，因而破坏了吸附平衡。

三、仪器与试剂

（1）仪器：自动吸附测定仪 1 套（TriStar Ⅱ 3020 型氮气吸附脱附仪），氮气瓶 1 个，氦气瓶 1 个，液氮罐（6 L）1 个，分析天平 1 台，气氛炭化炉，恒温水浴槽，振荡仪，干燥箱。

（2）试剂：$ZnCl_2$、废旧纺织纤维、去离子水。

四、实验步骤

（1）废旧纺织基活性炭材料的制备。

① 备料、浸渍：将废旧纺织布料粉碎备用。称取 5 g 原料，$ZnCl_2$ 质量若干（分别按原料：$ZnCl_2$ 的质量比为 1∶1，1∶2，1∶3 称取），加入 50 mL 水，在烧杯中搅拌均匀，放置在振荡仪

浸渍24 h。

② 过滤、烘干：将浸渍过的废旧纺织纤维碎片从溶液中过滤出来，并将它放在80 ℃的干燥箱中烘干备用。

③ 炭化、活化：将烘干的纺织纤维碎片加入坩埚中，放置到有氮气保护的密封炭化炉中进行炭化、活化。炭化、活化温度控制在500～800 ℃，保持时间为2 h。炭化、活化结束后让其自然降温。

④ 清洗、干燥：将炭化、活化后的产物进行水洗，过滤，在干燥箱中进行干燥。

⑤ 研磨、称量：将得到的碳材料进行研磨，称量，计算产物收率。

(2) 比表面积测试。

① 装入样品。用电子天平准确称取样品管的质量，称取大约0.1 g的样品置于样品管中，放入自动吸附仪在大约250 ℃的温度下对样品持续抽真空1 h，进行样品脱气处理。关闭加热电源，在仪器中自然冷却至60～70 ℃取出，用电子天平准确称取样品管加上样品的质量，用差值法算出样品的准确质量。

② 设置仪器参数。将装有样品的样品管安装在自动吸附仪上，并装上有液氮的杜瓦瓶。设置仪器数据，真空要求是在90 s内系统压力不再改变，将此压力校零；稳定10 min左右，输入准确的样品净质量和实验温度；设置在相对压力0～0.3范围内，大致均等取6个值测定吸附量(0不取)。

③ 数据输出与分析。在仪器的软件系统中，设置样品分析方法、分析报告、自动输出数据等信息。

④ 实验结束，整理仪器。

⑤ TriStar Ⅱ 3020型氮气吸附脱附仪的操作说明，请参阅“4.5 其他测量技术与仪器”。

五、数据记录与处理

(1) 根据BET测试结果，绘制样品的等温吸附曲线。

(2) 用$\frac{p}{V(p_0-p)}$对$\frac{p}{p_0}$作图，根据作图斜率和截距计算V_m，再计算样品的BET比表面积。

(3) 分析不同的原料与活化剂质量比、产物收率、比表面积之间的关系。

六、思考题

(1) 分析$ZnCl_2$的加入量对活性炭比表面积的影响，并解释原因。

(2) BET法测量比表面积的主要原理是什么？

实验 3-9　织物表面改性及其亲疏水性能测试

一、实验目的

（1）了解织物的基本结构以及其表面改性方法。
（2）掌握织物的亲疏水性测量原理及方法。

二、实验原理

织物是通过纺织或非纺织等手段形成的，由纤维通过交叉、绕结、连接构成的平软片块物。织物的物理化学性能与其纤维组成及织物结构有密切关系。除此之外，我们还可以通过一系列的化学改性手段，在织物上引入功能性基团，使织物表面具有特定的性能，满足不同场合的需要。其中，织物表面的亲疏水性是其重要的特性。

一般而言，纯棉织物的表面是亲水，而纯涤的织物表面是疏水。通过表面的疏水化改性，除了可以使棉织物保留其透气、排汗等特性之外，还可以增强其表面的防水特性。另外，通过表面的亲水化改性，可以使纯涤的织物具有抗静电的作用。而改变织物表面的亲疏水性其实就是改变织物表面张力。由于织物表面的成分不同，其表面张力大小也不同，一般物质表面张力的大小顺序为：金属键＞离子键＞极性共价键＞非极性共价键。

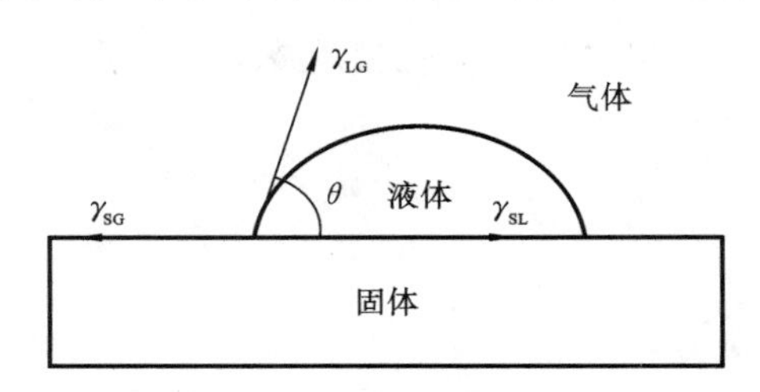

图 3-9-1　光滑表面接触角示意图

液体在固体材料表面上的接触角，是衡量该液体对材料表面润湿性能的重要参数。通过接触角的测量可以获得材料表面固-液、固-气界面相互作用的许多信息。光滑表面接触角示意图如图 3-9-1 所示。

润湿过程与体系的界面张力有关。一滴液体落在水平固体表面，当达到平衡时，形成的接触角与各界面张力之间符合下面的杨氏方程：

$$\cos\theta=\frac{\gamma_{SG}-\gamma_{SL}}{\gamma_{LG}} \tag{3-9-1}$$

由公式(3-9-1)可以预测如下几种润湿情况：

（1）当 $\theta=0$ 时，完全润湿；
（2）当 $\theta<90°$ 时，部分润湿或润湿；
（3）当 $\theta=90°$ 时，是润湿与否的分界线；
（4）当 $\theta>90°$ 时，不润湿；
（5）当 $\theta=180°$ 时，完全不润湿。

因此，可以通过改变织物表面成分，改变 γ_{SG} 与 γ_{SL} 的大小来调整 θ 的大小。当 $\theta<90°$ 时，织物表面是亲水性的，达到润湿效果；若 $\theta>90°$ 时，织物表面是疏水性的，达到拒水效果。

三、仪器与试剂

接触角测定仪、有机硅整理剂(WP-107A/B)、有机氟整理剂(AG-480)、抗静电剂(FK-221)、氯化镁、均匀轧车、热定型机、纯棉漂白织物、涤纶布、搪瓷盘。

四、实验内容

(1) 按配方配置整理液,搅拌均匀后倒入搪瓷盘中。

整理液 A:WP-107A,5 mL;WP-107B,0.5 mL;去离子水,100 mL。

整理液 B:AG-480,6 mL;去离子水,100 mL。

整理液 C:FK-221,3 mL;氯化镁,2 g;去离子水,100 mL。

(2) 将纯棉织物裁成 10 cm×10 cm 的方形布块,取其中一片放入整理液 A 中,浸渍2 min 左右,然后在均匀轧车上轧匀。重复浸轧一次后立即送入热定型机(预先升温至 80 ℃)烘 3 min,然后将热定型机升温至 160 ℃烘 1 min,得到样品 A。

(3) 另取一片纯棉布块浸入整理液 B 中,按步骤(2)的操作得到样品 B。

(4) 取第三片纯棉布块浸入去离子水中,按步骤(2)的操作得到样品 C。

(5) 将涤纶布裁成 10 cm×10 cm 的方形布块,取其中一片放入整理液 C 中浸渍 2 min 左右,然后在均匀轧车上轧匀。重复浸轧一次后立即送入热定型机(预先升温至 80 ℃)烘3 min,然后将热定型机升温至 160 ℃烘 1 min,得到样品 D。

(6) 取另一片涤纶布块浸入去离子水中,按步骤(5)的操作得到样品 E。

(7) 将样品 A、B、C、D 及 E 平铺在实验台上,分别在布样表面滴加一滴去离子水和一滴环己烷,观察实验现象。

(8) 利用接触角测定仪测定 5 块布样的接触角,每块布样任意选取 5 个位置测试,取平均值。

(9) 接触角测定仪的使用操作说明,请参阅“4.5 其他测量技术与仪器”。

五、数据记录与处理

(1) 根据实验结果填入下表。

样　品	接触角测试					平均值
A						
B						
C						
D						
E						

（2）根据实验数据及实验现象比较布样处理之前与处理之后的区别。

六、思考题

（1）有机硅和有机氟整理剂的整理效果有何区别？为什么？

（2）为什么纯棉织物与纯涤织物的表面性能不同？

实验3-10 染料分子在纤维表面的吸附动力学测定

一、实验目的

(1) 掌握吸附等温线的原理与测定方法。

(2) 学会测定纤维材料的吸附等温线,确定染料分子的吸附类型。

二、实验原理

吸附等温线描述了染料与纤维间的相互作用。吸附等温线是在恒定温度下,上染达到染色平衡时,纤维上的染料浓度$[D]_f$和染液中的染料浓度$[D]_s$的关系曲线。染料对纤维的吸附等温线能主要有三种类型:能斯特(Nernst)型、弗莱因德利希(Freundlich)型和朗缪尔(Langmuir)型,如图3-10-1所示。

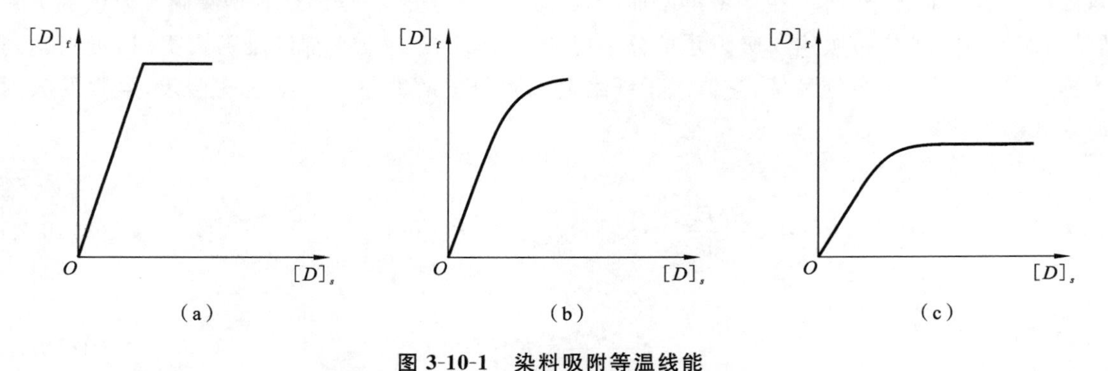

图3-10-1 染料吸附等温线能

(a) 能斯特型;(b) 弗莱因德利希型;(c) 朗缪尔型

(1) 能斯特型吸附等温线。

能斯特型吸附等温线可能是最简单的一种吸附类型,可看作是染料对纤维具有亲和力而溶解在其中。在染色平衡的情况下,染料在纤维上的浓度$[D]_f$与在染液中的浓度$[D]_s$之比为一常数。该等温线完全符合分配定律,即溶质在两种互不相溶的溶剂中的浓度之比为一常数,即

$$\frac{[D]_f}{[D]_s}=K \tag{3-10-1}$$

式中:$[D]_f$为染色平衡时纤维上的染料浓度($g\cdot kg^{-1}$或$mol\cdot kg^{-1}$);$[D]_s$为染色平衡时染液中的染料浓度($g\cdot L^{-1}$或$mol\cdot L^{-1}$);K为比例常数,也称为分配系数。如以$[D]_f$对$[D]_s$作图,可得到一斜率为K的直线,如图3-10-1(a)所示。非离子型染料以范德华力、氢键等被纤维吸附固着,如分散染料上染聚酯纤维、聚酰胺纤维及聚丙烯腈纤维,基本符合该类型吸附等温线。

(2) 弗莱因德利希型吸附等温线。

弗莱因德利希型吸附等温线的特征是纤维上的染料浓度随染液中染料浓度的增加而不断

增加，但增加速率越来越慢，没有明显的极限，如图 3-10-1(b)所示。染料吸附在纤维上是以扩散吸附层存在的，即染料分子除了吸附在纤维分子的无定形区外，还有些与它保持动态平衡，分布在孔道染液中，在染液中浓度呈扩散状分布，距离分子链近的浓度高，距离分子链远的浓度低。为了保持电中性，和染料阴离子保持等当量的钠离子也分布在纤维上。这种吸附等温式可用以下半经验关系式表示：

$$[D]_f = K[D]_s^n \tag{3-10-2}$$

两边取对数得到

$$\lg[D]_f = \lg K + n\lg[D]_s \tag{3-10-3}$$

式中：$\lg[D]_f$ 与 $\lg[D]_s$ 呈直线关系；n 为斜率（$0<n<1$）；$\lg K$ 为截距（K 为常数）。符合弗莱因德利希型吸附等温线的吸附属于物理吸附，即非定位吸附。离子型染料以范德华力和氢键吸附固着于纤维，且染液中有其他电解质存在时，如直接染料或还原染料上染棉纤维的吸附等温线符合这种类型。

(3) 朗缪尔型吸附等温线。

朗缪尔型吸附等温线的特征是在低浓度区时，纤维上染料浓度增加很快，以后随染液中染料浓度的增加而逐渐变慢，最后不再增加，达到吸附饱和值。符合朗缪尔型吸附等温线的吸附属于化学吸附，即定位吸附。吸附是单分子层的，纤维上所有染座都被染料占据时，吸附达到了饱和，称为纤维染色饱和值，它取决于纤维上吸附位置的数量。根据这些假定，染料的吸附速率和解吸速率可以表示如下。

染料的吸附速率：

$$\frac{d[D]_f}{dt} = K_1[D]_s([S]_s - [D]_f) \tag{3-10-4}$$

染料的解吸速率：

$$-\frac{d[D]_f}{dt} = K_2[D]_f \tag{3-10-5}$$

式中：$[S]_s$ 为纤维对染料吸附的饱和值；K_1、K_2 分别为吸附、解吸速率常数；t 为时间。

在染色达到平衡时，吸附速率等于解吸速率，即

$$K_1[D]_s([S]_s - [D]_f) = K_2[D]_f \tag{3-10-6}$$

令 $K_1/K_2 = K$，则

$$\frac{[D]_f}{[D]_s} = K([S]_s - [D]_f) \tag{3-10-7}$$

$$[D]_f = \frac{K[D]_s[S]_f}{1 + K[D]_s} \tag{3-10-8}$$

将 $[D]_f$ 对 $[D]_s$ 为作图，如图 3-10-1(c)所示。在 $[D]_s$ 很低时，与 $[D]_f$ 几乎呈直线关系；当 $[D]_s$ 上升时，$[D]_f$ 上升较慢；继续增加 $[D]_s$ 到一定值后，$[D]_f$ 不再增加，此时的 $[D]_f$ 值等于染色饱和值。由 $[D]_f/[D]_s$ 对 $[D]_f$ 作图可得一直线（Scatchard 拟合曲线），则符合朗缪尔型吸附机理，否则就不是单一的朗缪尔型吸附。离子型染料主要以静电引力上染纤维，以离子键在纤维中固着时，如酸洗染料上染羊毛、阳离子染料上染聚丙烯腈纤维的吸附基本上符合朗缪尔型吸附。

超细涤纶染色是高附加值的纺织品，以手感柔软、轻盈飘逸、悬垂性好、透气吸湿、光泽优

雅、蓬松丰满、穿着舒适等优异的性能特点从新合纤产品中脱颖而出。本实验采用分散染料高温高压染色超细涤纶，研究分散染料在涤纶超细织物上的染色吸附特征。

三、实验仪器和试剂

(1) 仪器：高温高压染色机1台，U-3310型紫外可见分光光度计(附比色皿)1台，真空干燥箱1台，电子天平1台，烧杯若干个，50量筒1个，10 mL移液管1个，洗耳球1个，250 mL容量瓶1个，50 mL容量瓶10个。

(2) 试剂及材料：分散染料，扩散剂NNO，磷酸二氢铵，醋酸，丙酮，二甲基甲酰胺(DMF)，漂白涤纶超细织物。

四、实验步骤

(1) 高温高压染色。

① 实验处方和工艺条件：

涤纶超细织物	1 g；
分散染料	1%～9%(o. w. f)；
扩散剂NNO	1 g · L^{-1}；
磷酸二氢铵	2 g · L^{-1}；
醋酸调节pH值至	4～5；
浴比	1∶300。

染色工艺曲线如图3-10-2所示：

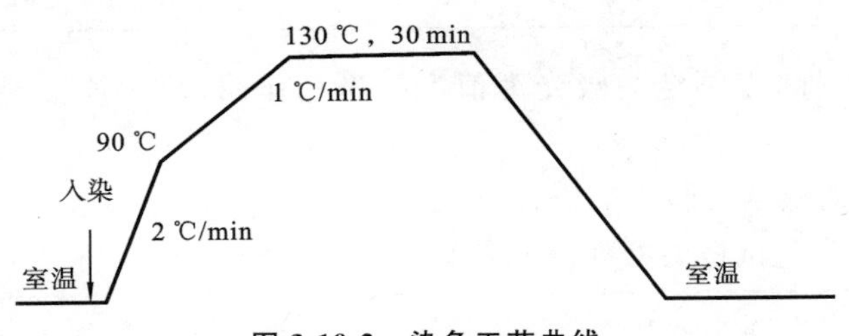

图3-10-2 染色工艺曲线

② 实验步骤。

按实验处方用蒸馏水配制不同浓度染液，然后在干净的烧杯中加入规定量的染液(用刻度移液管准确吸取)，准确称取扩散剂NNO、磷酸二氢铵，并加入染液中，搅拌使其溶解，补足所需要的水量，用醋酸调节染液pH值至4～5。染液配制完毕后，将染液倒入高温高压染色机的染色杯中，另将已经在水中润湿的涤纶超细织物挤干水分也放入染色杯中，盖好杯盖，放入高温高压染色机中，按照高温高压染色机的操作步骤进行，开始染色。染色结束后，将染色样品在丙酮中彻底清洗，于真空箱内干燥，用电子天平称量染后的样品质量。

(2) 纤维上染料吸收量的测定。

① 最大吸收波长测定和标准工作曲线制作。

准确称取0.02 g分散染料于烧杯中，加入DMF和水的体积比为80∶20，定容到250 mL

作为标准染料萃取液。

用移液管分别吸取标准溶液 25 mL、20 mL、17.5 mL、15 mL、12.5 mL、10 mL、7.5 mL、5 mL于编号 1～8 号的 50 mL 容量瓶中，加入 DMF 和水的体积比为 80∶20 定容。任选其中一个浓度的染料萃取液，用 1 cm 厚的比色皿在 U-3310 型紫外可见分光光度计测定不同波长时的吸光度，得到染料的最大吸收波长 λ_{max}。

分别测定不同浓度染料萃取液在最大吸收波长 λ_{max}时的吸光度，以 1 号染料萃取液的浓度为 100%，以待计算的其他染料萃取液的相对百分浓度 c_i（%）为横坐标，测定的吸光度值为纵坐标作图，制得该染料萃取液的标准工作曲线。

② 吸附等温线实验。

将染色样品用 DMF 在 140 ℃下萃取纤维上的染料，直至染色样品无色。用 DMF 和水对萃取液定容，定容后萃取液中的 DMF 和水的体积比为 80∶20；采用 U-3310 型紫外可见分光光度计测定萃取液吸光度；按标准工作曲线计算萃取液的染料浓度。根据萃取液中染料浓度和纤维重量计算纤维吸收的染料浓度$[D]_f$，根据染液中投加染料量与纤维吸收的染料量之差确定染色残液中的染料浓度$[D]_s$。

五、数据记录与处理

(1)标准工作曲线的绘制。

将不同浓度染料萃取液的最大吸收波长 $A_{\lambda_{max}}$ 记录于下表。

试样	1	2	3	4	5	6	7	8
c_i（%）	100%	80%	70%	60%	50%	40%	30%	20%
$A_{\lambda_{max}}$								

以 c_i（%）为横坐标，以测定的吸光度值为纵坐标作图，绘制该染料萃取液的标准工作曲线。

(2) 吸附等温线的绘制及曲线拟合。

将不同浓度染液染色试样的参数记录于下表。

不同浓度染液染色试样 (o. w. f)	萃取液吸光度 $A_{\lambda_{max}}$	萃取液中染料浓度 $c/(g\cdot L^{-1})$	$[D]_f$ $/(g\cdot kg^{-1})$	$[D]_s$ $/(g\cdot L^{-1})$	$\frac{[D]_f}{[D]_s}$	$\lg[D]_f$	$\lg[D]_s$
1%							
2%							
3%							
4%							
5%							
6%							

续表

不同浓度染液染色试样(o.w.f)	萃取液吸光度 $A_{\lambda_{max}}$	萃取液中染料浓度 $c/(g\cdot L^{-1})$	$[D]_f$ $/(g\cdot kg^{-1})$	$[D]_s$ $/(g\cdot L^{-1})$	$\frac{[D]_f}{[D]_s}$	$\lg[D]_f$	$\lg[D]_s$
7%							
8%							
9%							

分别以$[D]_f$对$[D]_s$作图，以$[D]_f/[D]_s$对$[D]_f$作图，以$\lg[D]_f$对$\lg[D]_s$作图，通过直线拟合结果，判断染料对纤维的吸附类型，推断纤维与染料之间可能存在的作用力。

六、思考题

(1) 染料的吸附等温线有哪些类型？各类型吸附等温线有何特点及物理意义？它们分别符合哪类纤维和染料的染色？

(2) 阐述高温高压染色法的主要工艺条件，该法应选用什么性质的染料和助剂？

第 4 章　实验测量仪器

4.1　温度与压力测量仪器

一、温度测量与控制

1. 温标

温度是表示物体冷热程度的物理量，是确定系统状态的一个基本参量。微观上讲，温度是物体分子热运动的剧烈程度。温度的数值表示方法称为温标。下面介绍几种常用的温标。

1）热力学温标

热力学温标也称开尔文温标，用符号 T 表示。它是建立在卡诺循环基础上的，与测量物质性质无关的理想温标。1960 年第十一届国际计量大会规定，热力学温度以开尔文为单位，简称"开"，以 K 表示。确定水的三相点为 273.16 K，即 1 K 等于水的三相点的热力学温度的 1/273.16 K，从而保证水的沸点和冰点之间的分度值仍为 100。热力学温标的零点，即绝对零度。

2）摄氏温标

摄氏温标以水银玻璃温度计来测定水的相变点。规定在标准压力下，水的凝固点为 0 ℃，沸点为 100 ℃，在这两点之间划分为 100 等份，每等份代表 1 个单位，以 ℃表示。热力学温标与摄氏温标之间只相差一个常数。若摄氏温度用符号 t 表示，单位为摄氏度(℃)，$t=T-273.15$。摄氏温度是当前世界大多数国家使用的温标。

3）华氏温标

华氏温标是 1724 年由德国人华伦海特制定，用符号 F 表示。规定华氏单位是℉。以水的冰点为 32 ℉，沸点为 212 ℉，在这两个定点间分 180 等份，每等份为 1 ℉。华氏温度与摄氏温度的关系为

$$F=(9/5)t+32, \quad 1\ ℃=(9\times 1/5+32)℉=33.8\ ℉$$

目前，美国仍然在使用华氏温标。

2. 温度测量

物质的温度测量是通过温感仪器测定的。常见的温感仪器主要为温度计。下面介绍常见的水银温度计、贝克曼温度计、电阻温度计和热电偶温度计。

1）水银温度计

水银温度计是实验室测温时应用最广泛的温度计。水银温度计使用的物质是液态汞，汞的熔点是$-$38.87 ℃，沸点是 356.58 ℃，可使用硬质玻璃或石英做管壁，且在水银上面充入各种惰性气体，可使测量范围增加到 750 ℃。它的优点是结构简单，使用方便，价格便宜，测量范

围较广。并且，水银易提纯，热导率大，比热容小，膨胀系数比较均匀，封闭在玻璃中便于读数。

水银温度计的缺点是其读数受测量方式、测量环境等因素的影响而产生误差，因此需要进行必要的校正。

2）贝克曼温度计

贝克曼温度计是一种移液式的内标温度计。这种温度计与普通水银温度计的区别在于测量端水银球内的水银储量可以借助顶端的水银储槽来调节。贝克曼温度计测量的温度不是物质的绝对值，而是相对值，即温差。它常常用作定温计，可用于量热、凝固点测量以及其他测量微小温差的实验中。

贝克曼温度计如图4-1-1所示。与普通水银温度计相比，它的结构特点是在毛细管的上端还有一个储汞槽，下端水银球、中间毛细管、上端储汞槽连成互屈的整体空间，其中除汞外是真空。温度计标尺通常只有0～5 ℃的刻度，最小分度值是0.01 ℃，通过估读可以读到0.002 ℃。上端储汞槽用来调整下端水银球中的水银量，使同一支贝克曼温度计可用于较大范围的温区（－20～150 ℃）。使用贝克曼温度计时首先要根据需要调节下端水银球中的水银量，使得将其放入一定温度的待测体系中时，毛细管中的水银面在标尺的合适范围内。调整贝克曼温度计时要特别小心，使用时要防止骤冷、骤热以避免水银球破裂。不过，由于贝克曼温度计使用不便，逐步被精密电子温差仪所取代。

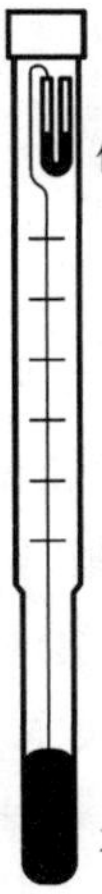

储汞槽

水银球

图4-1-1 贝克曼温度计

3）电阻温度计

电阻温度计是利用导体或半导体的电阻为测温参数来测量温度的温度计。它主要是通过电桥法或电位差计测量电阻，然后根据电阻值换算为温度。电阻温度计通常有金属电阻计和热敏电阻计。铂电阻温度计（见图4-1-2）是常见的金属电阻计，是用直径0.03～0.07 mm的铂丝绕在石母、石英或陶瓷支架上做成的。由于铂丝的熔点高，比热容小，电阻随温度的变化关系重现性好。与紧密电桥或电位差计组成的铂电阻温度计精密度可到0.001 ℃，测试最高温度可达1000 ℃。

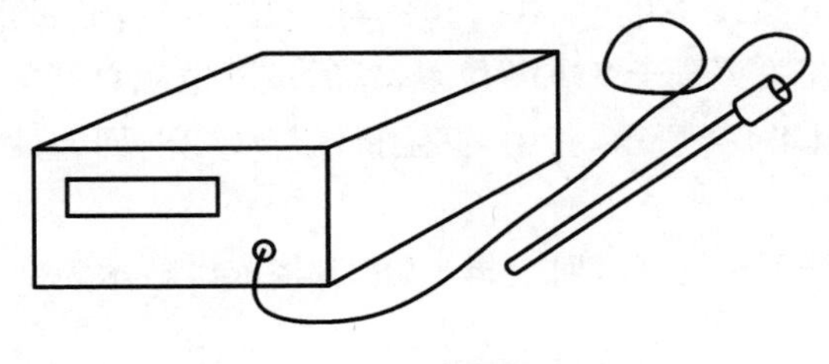

图4-1-2 铂电阻温度计

4）热电偶温度计

热电偶温度计是通过将两种不同的金属导线连接起来，组成一个闭合回路，此时有两个连接点。而当两处连接点温度不同时，产生的接触电势不同，其电势差称为温差电势。根据产生的温差电势与温度的关系，从而间接测量体系温度。热电偶的测量范围很广，可达－200～2800 ℃，容易实现远距离测量，自动记录和自动控制，因而在科学实验和工业生产中得到广泛的应用，也是物理化学实验中常用的测温元件。常见热电偶温度计性能比较见表4-1-1。

表 4-1-1　常见热电偶温度计性能比较

材　料	分度号	极性区别		100 ℃电势/mV	测温范围/℃	备　注
		正极	负极			
铜-康铜	T	红色	银白色	4.277	−100～200	铜易氧化,宜在还原气氛中使用
镍铬-考铜	EA-2	暗色	银白色	6.808	0～600	热电势大,是很好的低温热电偶,但负极易氧化
镍铬-镍硅	K(EU-2)	无磁性	有磁性	4.095	400～1000	E-t 线性关系好,大于 500 ℃宜在氧化气氛中使用
铂铑$_{10}$-铂	S(LB-3)	较硬	柔软	0.645	800～1300	宜在氧化性或中性气氛中使用

注:康铜为含 60%Cu 与 40%Ni 的合金,考铜为含 56%Cu 与 44%Ni 的合金。

3. 温度控制

在物理化学实验中,测量黏度、饱和蒸气压、折光率、旋光度等物理参数或化学反应过程都需要在恒温条件下进行。因此,温度控制是物理化学实验中必要的手段。恒温的控制主要是通过恒温装置来实现。恒温槽是物理化学实验室中常见的恒温装置。

恒温槽是利用不同液体介质实现控温的装置,根据恒温的程度选用不同的液体介质:−60～30 ℃采用乙醇或乙醇水溶液;0～100 ℃采用水浴;80～160 ℃采用甘油或甘油水溶液;70～300 ℃采用液体石蜡、气缸润滑油或硅油。

恒温槽通常由槽体、温度传感器、控温仪、加热器及循环泵、搅拌器及精密温度计组成。这里,我们以实验室常用的不锈钢超级恒温水浴槽(见图 4-1-3)为例来说明恒温槽的操作方法。

1) 准备步骤

(1) 加水:向不锈钢储水箱 1 内注入其容积 2/3～3/4 的自来水,水位高度大约为 230 mm。将温度传感器 5 插入不锈钢储水箱盖中间预置孔内(中间),另一端与控温机箱 2 后面板温度传感器接口 21 相连接。

(2) 插电:用配备的电源线将市电 AC 220V 与控温机箱后面板电源插座 20 相连接。先将加热器开关 8、搅拌器开关 7 置于“OFF”位置,然后按下电源总开关 9,此时显示器和指示灯均有显示。初始状态如图 4-1-4 所示,其中,恒温指示灯 12 亮,回差处于 0.5。

2) 参数设置

(1) 回差值的选择:按回差键 17,回差指示灯 18 将依次显示为 0.5、0.4、0.3、0.2、0.1,选择所需的回差值即可。

(2) 控制温度的设置:按一下移位键 16,设定温度显示窗口 13 中有一位 LED 闪烁,连续按移位键,温度显示值由最高位依次向最低位位移,根据需要设定其位数。设定温度的位数确定后,用增(▲)减(▼)键 15 设定数值的大小。依此,直至所需温度设定完成。当设置完毕时,仪表即进入自动升温控温状态,工作指示灯 11 亮。系统温度达到设定温度时,工作指示灯自动转换到恒温状态,恒温指示灯 12 亮。此后,控温系统根据回差值设置的大小进行自动控温,两指示灯转换速率也随之而变化。当介质温度≤设定温度−回差时,加热器处于加热状态,工作指示灯 11 亮;当介质温度≥设定温度时,加热器停止加热,工作指示灯 11 熄灭,恒温指示灯 12 亮。

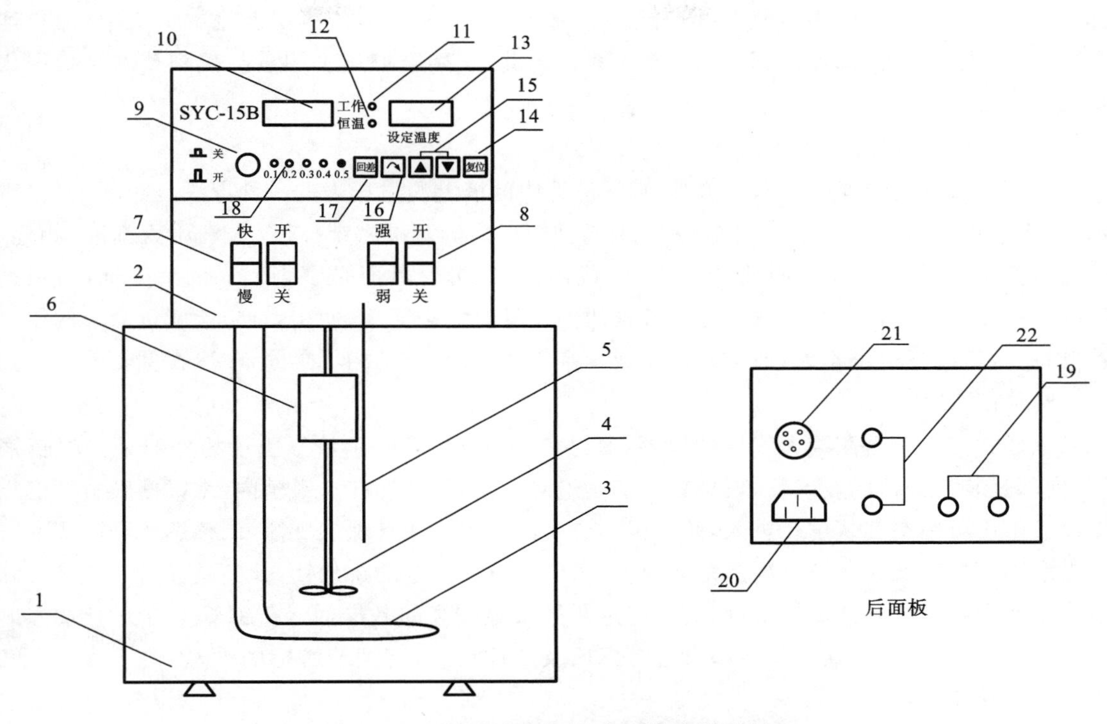

图 4-1-3　不锈钢超级恒温水浴槽结构示意图

1. 不锈钢水浴箱；2. 控温机箱；3. 加热器；4. 搅拌器；5. 温度传感器；6. 循环水泵；7. 搅拌器开关；8. 加热器开关；9. 电源总开关；10. 温度显示窗口；11. 工作指示灯；12. 恒温指示灯；13. 设定温度显示窗口；14. 复位键；15. 增、减键；16. 移位键；17. 回差键；18. 回差指示灯；19. 循环水接嘴；20. 电源插座；21. 温度传感器接口；22. 保险丝座

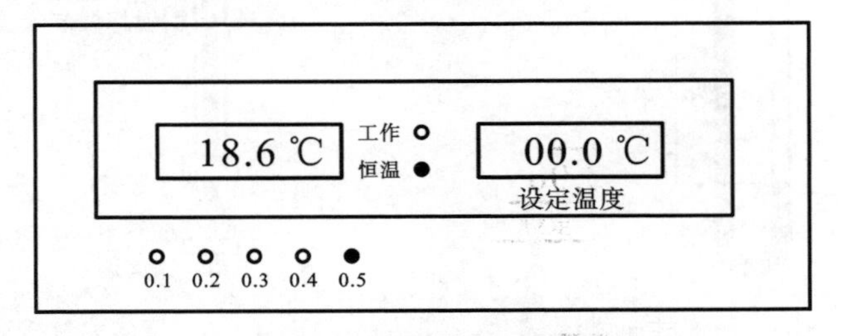

图 4-1-4　接通电源显示初始状态

(3) 根据实际控制温度需要，调节搅拌器开关 7 和加热器开关 8。一般开始加热时，为使升温速度尽可能快，需将加热器开关 8 置于“强”的位置。当温度接近设定温度2～3 ℃时，启动加热器和搅拌器开关，直到实验结束。

3) 实验结束

实验完毕，关闭加热器、搅拌器、控制器开关。为安全起见，拔下后面板插座电源线更好。

二、压力测量与控制

压力是描述系统状态的重要参数。压力是指均匀作用于物体单位面积的作用力，习惯上称为压强。压强的单位为帕斯卡(Pa)或牛顿每平方米($N \cdot m^{-2}$)。物理化学实验中,测量饱和蒸气压、表面张力、沸点等都与压力有关系。因此,正确掌握压力测量与控制技术是物理化学实验的必备要求。

1. U形液柱压力计

U形液柱压力计是利用液体介质在U形管中的液差测量压力的一种方法。如图4-1-5所示,U形管的一端与待测系统相连,另一端与已知压力的基准系统(常以大气压为基准)相连,管内下部装有适量液体介质(常为水银、水或油)。U形管后面是垂直紧靠的刻度标尺,根据液柱的高度差计算待测系统的压力。液柱压力计具有结构简单、使用方便、能测量微小的压力差的特点,但测量范围不大,通常稍低于或稍高于大气压,且结构不牢固,耐压程度较差。

2. 福廷式气压计

福廷式气压计是测量大气压的仪器,其结构如图4-1-6所示。气压计的外部是一根黄铜管,内部是装有水银的玻璃管,玻璃管上部是绝对真空,下端插在水银槽内,水银槽底由一皮袋支撑。羊皮可使空气从皮孔进入,而水银不会溢出。皮袋下有螺旋支撑,调整螺丝可调节水银槽内水银面的高低。水银槽周围是玻璃壁,顶盖上有一倒置的象牙针,针尖是标尺的零点。调节水银面刚好与象牙针尖接触,则此面即是测量水银柱高的基准面。黄铜管上方开有长方形小窗,以观察水银柱的高低。在小窗边有标尺及游标尺,并有调节游标的螺丝,便于读数。气压计必须垂直安装。

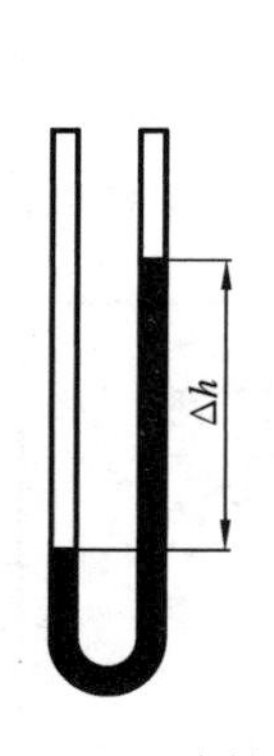

图4-1-5 U形液柱压力计

图4-1-6 福廷式气压计

福廷式气压计的使用方法:首先读取附于气压计上的温度计的示值;再调整气压计底部螺丝,使水银面刚好与象牙针尖接触;然后转动游标调整螺丝,使游标高出管内水银面少许,轻弹一下黄铜管的上部使凸面正常;最后缓慢下降游标至游标底边(游标前、后边缘)与水银柱凸面相切,注意眼睛的位置应与水银面在同一水平面上。读数后,调节液面调整螺丝,使水银面下降至与象牙针完全脱离。

由于仪器受工作温度、海拔高度、纬度等因素的影响,所测得的大气压精确度不同,所以需要对气压计进行必要的校正。

3. 数字电子压力计

实验室经常用U形水银压力计测量从真空到外界大气这一区间的压力。虽然这种方法的原理简单、形象直观,但由于水银的毒害及不便于远距离观察和不能自动记录等缺点,因此这种压力计逐渐被数字电子压力计所取代。数字电子压力计具有质量轻、体积小、精确度高、稳定性好、操作简单，便于远距离观察和能够实现自动记录等优点，目前已在实验室和工业上得到广泛的应用。

数字电子压力计采用集成电路芯片，使用精密差压传感器，将压力信号转换为电信号，此微弱电信号经过低漂移高精度的集成运算放大器放大后，再转换为数字信号。数字显示采用高亮度 LED，如图 4-1-7 所示。如采用软件标定，可消除可调电阻的误差影响。

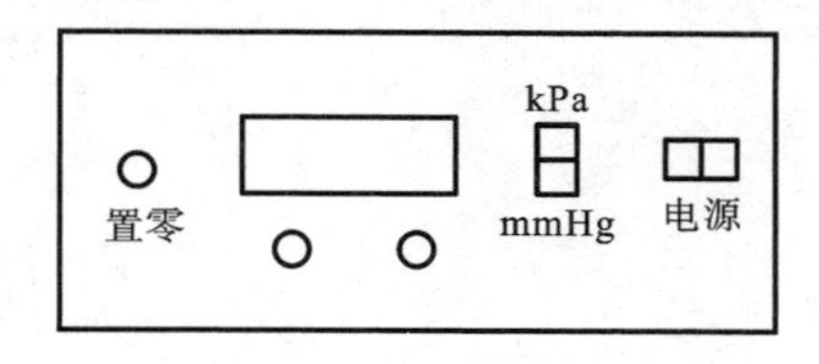

图 4-1-7　数字电子压力计

下面介绍实验室常用的 DP-A 精密数字电子压力计的使用方法。

(1) 接通电源，按下电源开关，预热 5 min 即可正常工作。

(2) "单位"键：接通电源，初始状态为"kPa"指示灯亮，显示以 kPa 为计量单位的零压力值；按下"单位"键，"mmHg"指示灯亮，则显示以 mmHg 为计量单位的零压力值。通常情况下选择 kPa 为压力单位。

(3) 当系统与外界处于等压状态时，按一下"置零"键，使仪表自动扣除传感器零压力值(零点漂移)，显示为"00.00"，该数值表示此时系统和外界的压力为零。当系统内压力降低时，则显示负压力数值，将外界压力加上该负压力数值即为系统内的实际压力值。

(4) 本仪器采用 CPU 进行非线性补偿，电网干扰脉冲可能会出现程序错误，造成死机，此时应按"复位"键，程序从头开始。注意：一般情况下，不会出现此错误，故平时不要按此键。

(5) 当实验结束后，将被测压力泄压为"00.00"，电源开关置于"关闭"位置。

4. 高压气瓶

高压气瓶是物理化学实验室常用的设备，主要用于储存实验需要的各种气体，如氧气、氮气和氢气等。这些气体在气瓶中都是以压缩气体存在，具有较大的压强。因此，在使用过程中需要对气体进行减压操作，并做到安全使用。

气体钢瓶使用方法：气体钢瓶充气后，压力可达 150×101.3 kPa，使用时必须用气体减压阀。气体钢瓶构造如图 4-1-8 所示。当顺时针方向旋转手柄 1 时，压缩主弹簧 2，作用力通过弹簧垫块 3、薄膜 4 和顶杆 5 使活门 9 打开，这时进入的高压气体(其压力由高压表 7 指示)由高压室经活门调节减压后进入低压室(其压力由低压表 10 指示)。当达到所需压力时，停止转动手柄，开启供气阀，将气体输送到受气系统。停止用气时，逆时针旋松手柄 1，使主弹簧 2 恢复原状，活门 9 由压缩弹簧 8 的作用而密闭。当调节压力超过一定允许值或减压阀出故障时，安全阀 6 会自动开启排气。停止用气时，逆时针旋松手柄 1，使主弹簧 2 恢复原状，活门 9 由压缩弹簧 8 的作用而密闭。当调节压力超过一定允许值或减压阀出故障时，安全阀 6 会自动开启排气。安装减压阀时，应先确定尺寸规格是否与钢瓶和工作系统的接头相符，用手拧满螺纹后，再用扳手上紧，防止漏气。若有漏气应再旋紧螺纹或更换皮垫。在打开氧气压力表(见图 4-1-9)的钢瓶总阀门 1 之前，首先必须仔细检查调压阀门 4 是否已关好(手柄松开是关)。

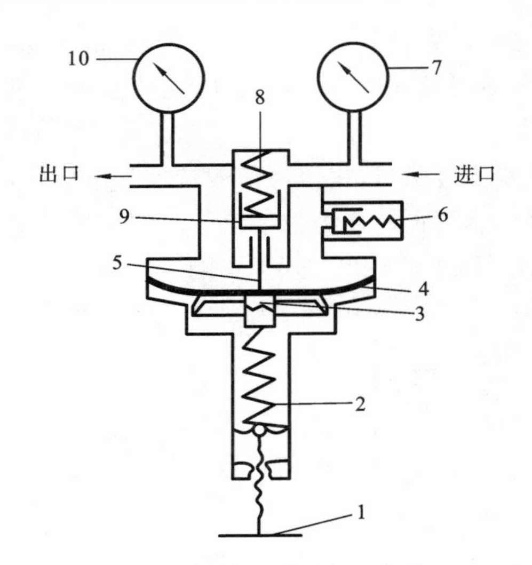

图 4-1-8　减压阀原理示意图

1. 手柄；2. 主弹簧；3. 弹簧垫块；
4. 薄膜；5. 顶杆；6. 安全阀；7. 高压表；
8. 压缩弹簧；9. 活门；10. 低压表

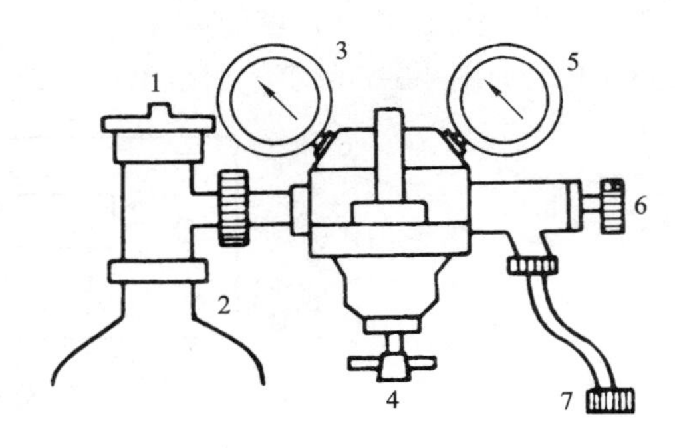

图 4-1-9　氧气压力表

1. 钢瓶总阀门；2. 气表与钢瓶连接螺旋；
3. 总压力表；4. 调压阀门；5. 分压力表；
6. 供气阀门；7. 接进气口螺旋

切不可在调压阀门 4 处在开放状态(手柄顶紧是开)时，突然打开钢瓶总阀门，否则会出事故。只有当手柄松开（处于关闭状态)时，才能开启钢瓶总阀门，然后再慢慢打开调压阀门。停止使用时，应先关闭钢瓶总阀门，到压力表下降至零时，再关闭调压阀门(即松开手柄)。

常见气体钢瓶的特点如表 4-1-2 所示。

表 4-1-2　常见气体钢瓶的特点

气体类型	瓶身颜色	标字颜色	字　样
氮气	黑	黄	氮
氧气	天蓝	黑	氧
氢气	淡绿	红	氢
压缩空气	黑	白	空气
二氧化碳	铝白	黑	液化二氧化碳
液氨	黄	黑	氨
氯	深绿	白	液氯
乙炔	白	红	乙炔不可近火
石油气体	灰	红	石油气
纯氩气体	灰	绿	纯氩

高压气体钢瓶的安全使用注意事项如下：

(1) 压缩气体钢瓶应直立使用，务必用框架或栅栏围护固定。

(2) 压缩气体钢瓶应远离热源、火种，置通风阴凉处，防止日光暴晒，严禁受热；可燃性气体钢瓶必须与氧气钢瓶分开存放；周围不得堆放任何易燃物品，易燃气体严禁接触火种。

(3) 搬运钢瓶时要戴上瓶帽、橡皮腰圈，要轻拿轻放，不要在地上滚动，避免撞击和突然摔倒。

(4) 高压钢瓶必须要安装好减压阀后方可使用。一般地，可燃性气体（如 H_2、C_2H_2）钢瓶上的气阀螺丝为反丝，不燃性或助燃性气体（如 N_2、O_2）钢瓶的气阀螺丝为正丝。各种减压阀绝不能混用，以防爆炸。

(5) 开、关气阀时要缓慢操作，操作人员应避开瓶口方向，站在侧面，以防止阀门或压力表冲出意外伤人。

(6) 氧气瓶的瓶嘴、减压阀严禁沾污油脂。在开启氧气瓶时还应特别注意手上、工具上不能有油脂，扳手上的油脂应用酒精清洗，待干燥后再使用，以防燃烧和爆炸。

(7) 使用完毕按规定关闭阀门，主阀门应拧紧不得泄露。应养成离开实验室时检查气瓶的习惯。

(8) 氧气瓶与氢气瓶严禁在同一实验室内使用。

(9) 钢瓶内气体不能完全用尽，应保持表压显示 0.05 MPa 以上的残留压力，以防重新灌气时发生危险。

(10) 钢瓶须定期送交检验，合格钢瓶才能充气使用。

4.2　热分析与测量仪器

一、量热计

HWR-15E 智能快速热量计是用来测试煤、油（其他可燃固体、液体）等燃料的热值的计量测试仪器。该仪器采用单片机微型计算机自动控制测量过程，自动点火。计算机打印被测物质的热值，精度高，且数据准确。

1. 量热计的工作原理

恒温式量热计采用相对测量方法，即先用标准物质标定仪器的热容量，然后再测定未知物质的热值。

1) 标定热容量原理

称取一定质量的标准物质（苯甲酸）于燃烧皿中，并置于充氧的氧弹内，点燃使其完全燃烧，根据内筒水的温升 Δt，可标定出量热计的热容量：

$$E=\frac{G_B\cdot Q_B+\sum q}{\Delta t}\tag{4-2-1}$$

式中：E——热量计的热容量，$J\cdot K^{-1}$；

G_B——苯甲酸的质量，g；

Q_B——苯甲酸的标准热值，$J\cdot g^{-1}$；

$\sum q$——点火、搅拌等各种附加热总和，J；

Δt——校正后的内筒水的温升，K。

2) 热值测定原理

热容量标定好后进行同样操作，测得试样的热值：

$$Q_S=\frac{E\cdot\Delta t-\sum q}{G_S}\tag{4-2-2}$$

式中：Q_S——试样的热值，$J \cdot g^{-1}$；

G_S——试样的质量，g；

其余符号的含义同上。

2. HWR-15E 量热计的操作方法

（1）向外筒注入水，以满为止（蒸馏水或去离子水），把仪器接上电源，打开仪器的电源开关。这时可见：显示屏显示汉字首页，控制板发出断续的蜂鸣响声，响声结束后，按任一键（“复位”键除外）：“测量热值”“标热容量”“查看结果”。菜单左边有一方形光标，按任一键可移动光标，以选定要操作的菜单，按“确认”键可进入下一级菜单。

（2）氧弹的使用。在燃烧皿中称取一定质量的分析试样（一般约 1 g，精确到 0.0001 g），取本仪器配送的镍铬丝，把两端分别扣在氧弹内的两个电极上，与试样近距离接触（中间有条光缝），镍铬丝不要碰到燃烧皿，以免短路导致点火失败。在氧弹内加入 10 mL 蒸馏水，拧紧氧弹盖，接上氧气导管，充入氧气，压力达到 3 MPa 即可放入仪器内使用，用后清洗，擦干。将氧弹放内筒并固定在支架上，注意拎环不要碰到电极棒上。

（3）称取内筒水 2000 g±1 g（使水和外筒内的水温基本一致或比外筒低 0.2 ℃）。

（4）热容量测定。把装好苯甲酸的氧弹放在内筒支架上，盖好。按任一键（“复位”“打印”“确认”键除外）显示输入菜单，把光标移向测热容量的一边，按“确认”键。输入苯甲酸质量，输入苯甲酸的热值（重复测试时可以不再输入），如有附加热就输入，无就不输入，按“确定”键，开始自动测量，结束后，打印机自动打印结果。按“复位”键，取出氧弹，放气，清洗，擦干。上述反复测 5 次，热容量的最大值减最小值不可大于 $40\ J \cdot K^{-1}$。否则可再做一次，取符合要求的 5 次测试结果的平均值作为仪器的热容量。

（5）热值测定。把装好样品的氧弹放到内筒支架上，盖好。按任一键（“复位”“打印”“确认”键除外）显示输入菜单，把光标移向测热值的一边，按“确认”键。输入被测样品质量，输入热容量（重复测试时可以不再输入），如有附加热就输入，无就不输入，按“确定”键，开始自动测量，结束后，打印机自动打印结果。按“复位”键，取出氧弹，放气，清洗，擦干。在测试中发现有异常情况，请按“复位”键，即自动停止工作，把氧弹取出重新装样品再进行测试。

3. 量热计的使用注意事项

（1）外筒的水应用蒸馏水或去离子水，如发现水不干净，应把水放掉重新装水，长期不用也应把水放掉。

（2）故障判断与排除：

① 开电源无任何显示，应检查电源板＋5 V 输出是否正常，检查接头、插座是否松脱。

② 有显示，但按键不起作用，应检查键盘连接线接头是否松开。

③ 点不着火，点火指示灯不亮，应检查氧弹内点火丝是否松动或脱落。

二、热重分析仪

热重分析仪（thermal gravimetric analyzer，TGA）是一种利用热重法检测物质温度-质量变化关系的仪器。热重法是在程序控温下，测量物质的质量随温度（或时间）的变化关系。

热重法的重要特点是定量性强，能准确地测量物质的质量变化及变化的速率，可以说，只要物质受热时发生重量的变化，就可以用热重法来研究其变化过程。热重法所测的性质包括腐蚀、高温分解、吸附/解吸附、溶剂的损耗、氧化/还原反应、水合/脱水、分解、黑烟末等，目前广泛应用于塑料、橡胶、涂料、药品、催化剂、无机材料、金属材料和复合材料等各领域的研究开发、工艺优化与质量监控。

1. 工作原理

热重分析仪主要由天平、炉子、程序控温系统、记录系统等几个部分构成。最常用的测量原理有两种，即变位法和零位法。所谓变位法，是根据天平梁倾斜度与质量变化成比例的关系，用差动变压器等检查倾斜度，并自动记录。零位法是采用差动变压器法、光学法测定天平梁的倾斜度，然后去调整安装在天平系统和磁场中线圈的电流，使线圈转动恢复天平梁的倾斜。由于线圈转动所施加的力与质量变化成比例，这个力又与线圈中的电流成比例，因此只需测量并记录电流的变化，便可得到质量变化的曲线。

通过热重分析仪测量实验有助于研究晶体性质的变化，如熔化、蒸发、升华和吸附等物理现象，也有助于研究物质的脱水、解离、氧化、还原等化学现象。热重分析通常可分为两类：动态（升温）和静态（恒温）。热重分析仪曲线以质量作纵坐标，由上而下表示质量减少；以温度（或时间）作横坐标，自左至右表示温度（或时间）增加。典型聚合物的热重分析仪曲线如图 4-2-1 所示。

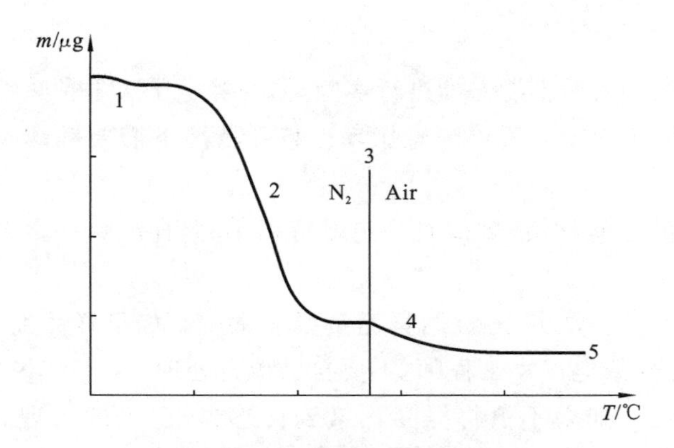

图 4-2-1　典型的聚合物 TGA 曲线

1. 挥发分（水、溶剂、单体）；2. 聚合物分解；3. 气氛改变；
4. 炭燃烧台阶（炭黑或碳纤维）；5. 残留物（灰分、填料、玻璃纤维等）

2. 操作方法

这里，以 METTLER TOLEDO 的热重分析仪为例说明其操作方法。

（1）打开恒温水浴槽的电源开关，并依次开启循环和制冷开关。

（2）小心打开 N_2 气路阀门，并注意观察气压表的压力，气压应小于 0.1 MPa。热重分析仪旁的保护气体的转子流量计，通常调整为 20 mL · min^{-1}。除了保护气体外的其他气体，应依照实验条件设定。

（3）开启热重分析仪的机器电源，仪器的电源开关位于仪器背面右侧处。

（4）开启计算机，等系统完全启动后（这一过程约为 60 s），双击运行桌面上的 STARe Software 图标，输入 User name（用户名）为 METTLER（注意全为大写），Passwords（密码）为空，然后单击“OK”按钮自动进入软件测试界面。测试界面下方应为绿色，表示联机完成。

(5) 在 STARe Software 实验窗口中，单击实验常规编辑器，建立实验方法或打开已存的实验方法。

(6) 在热重分析仪的操作界面右下方，单击“Furance”打开热炉，用镊子轻取一个氧化铝的坩埚，轻轻地放入热炉内右侧(左侧为参比空坩埚，勿动)。单击“Furance”关闭热炉，待热重分析仪操作界面上的质量稳定后(质量“m* ”变为“m”表示质量稳定)，单击热重分析仪操作界面右下角的“Tare”去皮。

(7) 去皮后，单击热重分析仪操作界面的“Furance”打开热炉，取出右侧的空坩埚，加入已经用分析天平称量过的样品(质量为 5～9 mg)，用压样棒压实样品，用镊子将装有样品的坩埚轻轻翻入热炉中，坩埚位置尽可能靠近中央。单击操作界面的“Furance”关闭热炉。

(8) 待热重分析仪操作界面上的质量稳定后(一般要等到样品升温到测试设置的起始温度附近才会稳定)，将此时的质量和样品名称输入到 STARe Software 界面的常规编辑器中，数据位置是软件自动生成，请勿改动。单击常规编辑器下面的“发送实验”键。

(9) 待热重分析仪操作界面上显示“Waiting for the proceed”，单击热重分析仪操作界面右下角的“Proceed”键或者 STARe Software 界面右下角的“确认”键开始。

(10) 实验完成后，状态栏会显示为“Waiting for Sample Removal”，打开炉体，移除样品，实验完成。

3. 注意事项

(1) 热重分析仪在开启后不能立即进行实验，需要等电子天平预热 20 min 后方可进行。

(2) 热重分析仪安装固定后不要随意搬动。特殊情况下需要搬动时，请致电厂家工程师寻求帮助。

(3) 对于爆炸性的含能材料，测试时一定要特别小心，样品量一定要非常少，以保证不会发生爆炸。

(4) 对于发泡材料一定要小心测试，样品量要非常少。如果样品发泡溢出粘到传感器上或粘到炉体上时，一定要致电厂家工程师，不要自己擅自处理。

(5) 炉体清洁方法。如果不慎将样品污染到传感器，正确的清理方法是将炉体升温到 450 ℃，保持 40 min，最好是在 O_2 氛围下进行。

(6) 如果坩埚掉入炉体内，一定要报告给仪器管理员，不要擅自处理。

(7) 恒温水浴中的水要经常更换(一个月更换一次)，要使用规定的水。

三、差式扫描量热仪

差式扫描量热(differential scanning calorimetry，DSC)法为使样品处于一定的温度程序(线性升温、降温、恒温及其组合)控制下，观察样品端和参比端的热流功率差随温度或时间的变化过程，以此获取样品在温度程序过程中的吸热、放热、比热变化等相关热效应信息，计算热效应的吸放热量(热焓)与特征温度(起始点、峰值、终止点等信息)。DSC 法广泛应用于塑料、橡胶、纤维、涂料、黏合剂、医药、食品、生物有机体、无机材料、金属材料与复合材料等领域，可以研究材料的熔融与结晶过程、玻璃化转变、相转变、液晶转变、固化、氧化稳定性、反应温度与反应热焓，测定物质的比热、纯度，研究混合物各组分的相容性，计算结晶度、反应动力学参数等。

1. 工作原理

差式扫描量热仪的主要结构如图 4-2-2 所示。样品坩埚装有样品，与参比坩埚（通常为空坩埚）一起置于传感器盘上，两者之间保持热对称，在一个均匀的炉体内按照一定的温度程序进行测试，并使用一对热电偶（参比热电偶、样品热电偶）连续测量两者之间的温差信号。

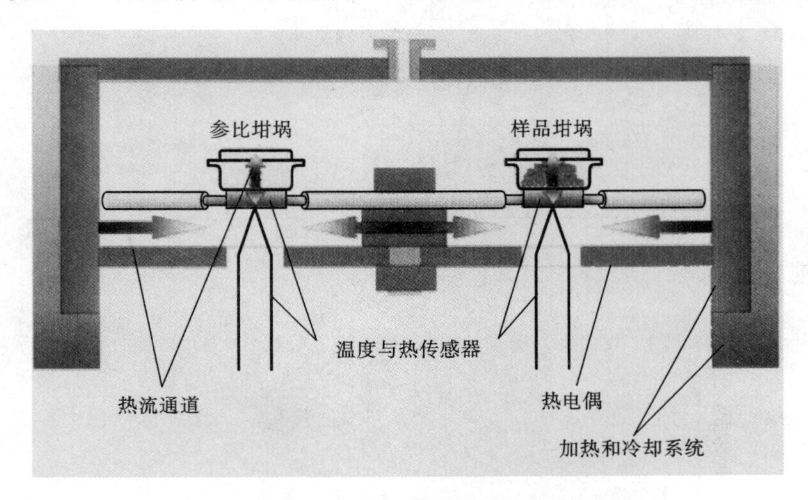

图 4-2-2　热流型差式扫描量热仪的工作原理示意图

由于炉体向样品/参比的加热过程满足傅里叶热传导方程，两端的加热热流差与温差信号成比例关系，因此通过热流校正，可将原始的温差信号转换为热流差信号，并对时间/温度连续作图，得到 DSC 图谱。由于两个坩埚的热对称关系，在样品未发生热效应的情况下，参比端与样品端的信号差接近于零，在图谱上得到的是一条近似的水平线，称为“基线”。当然，任何实际的仪器都不可能达到完美的热对称，再加上样品端与参比端的热容差异，实测基线通常不完全水平，而存在一定的起伏，这一起伏通常称为“基线漂移”。而当样品发生热效应时，在样品端与参比端之间则产生了一定的温差/热流信号差。将该信号差对时间/温度连续作图，可以获得类似于图 4-2-3 所示的图谱。

按照德国工业（DIN）标准与热力学规定，图 4-2-3 中所示向上（正值）为样品的吸热峰（较为典型的吸热效应有熔融、分解、解吸附等），向下（负值）为放热峰（较为典型的放热效应有结晶、氧化、固化等），比热变化则体现为基线高度的变化，即曲线上的台阶状拐折（较为典型的比热变化效应有玻璃化转变、铁磁性转变等）。图 4-2-4 为典型的半晶聚合物的 DSC 曲线。

2. 操作方法

(1) 开机：打开计算机与差式扫描量热仪 DSC200，一般开机半小时后可以进行样品测试。

(2) 气体与液氮：① 确认测量所使用的吹扫气情况。对于 DSC200，通常使用 N_2 作为保护气与吹扫气。如果需要进行材料抗氧化性测试，需要配备 O_2 或空气。气体钢瓶减压阀的出口压力（显示的是高出常压的部分），通常调到 0.5 bar 左右，最高不能超出 1 bar，否则容易损坏质量流量计 MFC。② 如果使用液氮在低温下进行测试，确认液氮是否充足，是否需要充灌。如果使用机械制冷进行冷却，应打开机械制冷的开关。

(3) 制备样品：准备一个干净的空坩埚。DSC200 通常使用铝坩埚，其温度范围－170～

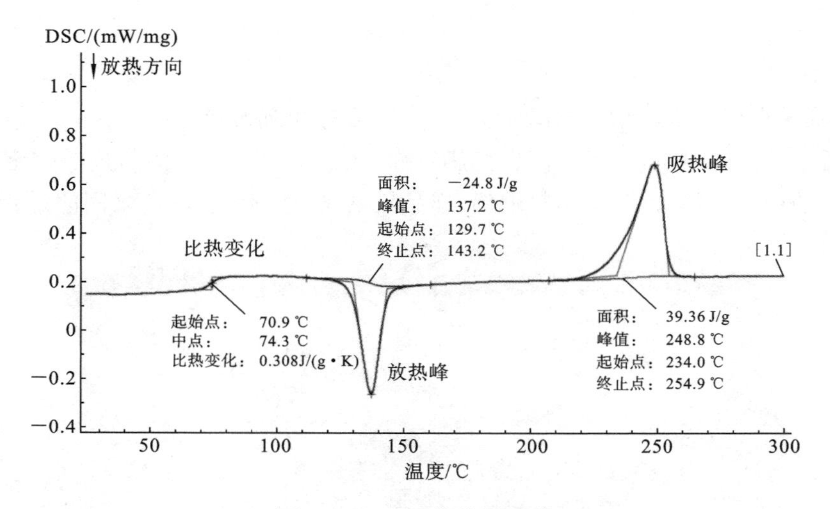

图 4-2-3　DSC 的典型图谱

（图中所示为 PET 聚酯材料的玻璃化转变、冷结晶峰与熔融峰）

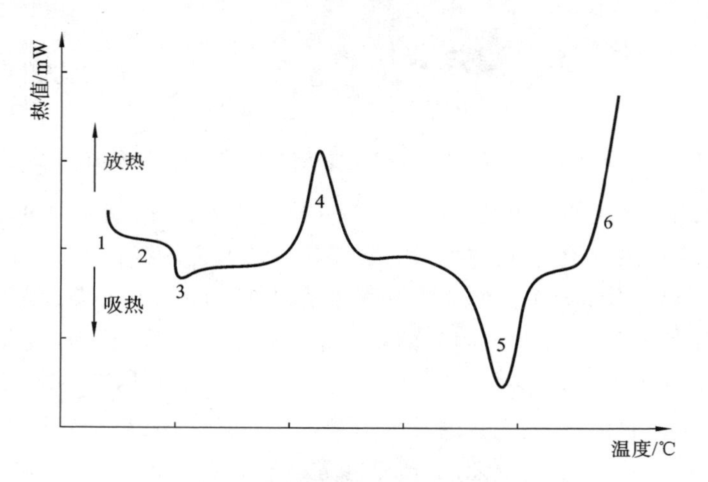

图 4-2-4　典型的半晶聚合物的 DSC 曲线

1. 与样品热容成比例的初始偏移；2. 没有热效应的 DSC 曲线（基线）；

3. 无定形部分的玻璃化转变；4. 冷结晶；5. 熔融；6. 空气中氧化分解

600 ℃。先将空坩埚放在天平上称重，去皮（清零），随后将样品加入坩埚中，称取样品重量。重量值建议精确到 0.01 mg。加上坩埚盖（坩埚盖上通常扎一小孔），对于铝坩埚，一般需要放到压机上压一下，将坩埚与坩埚盖压在一起。

（4）装样：将样品坩埚放在仪器中的样品位（右侧），同时在参比位（左侧）放一空坩埚作为参比。坩埚应尽量放置在定位圈的中心位置。特别对于比热测量，为了提高测量精度，保持坩埚定位的稳定性（前后一致性）较为重要。随后盖上炉体的三层盖子（内层盖子应使用镊子操作。另外，要注意尽量避免在炉体温度 100 ℃以上时盖上内盖，否则若不小心将盖子放歪了，由于突然受热的膨胀因素，易卡在炉口导致难以取出）。

（5）新建测量，设定温度程序，设定“测量”文件名，初始化工作条件。

（6）测量运行：如果需要在测试过程中将当前曲线（已完成的部分）调入分析软件中进行分析，可点击“工具”菜单下的“运行实时分析”。如果需要提前终止测试，可点击“测量”菜单下的“终止测量”。

(7) 测量完成：打开炉盖，取出样品，再合上炉盖。如后续还有样品，参比坩埚可不取出。

3. 注意事项

(1) 仪器平时可一直处于开机状态，尽量避免频繁开关机。在之前关闭仪器的情况下（不包括短期的关机与重新开机），一般建议开机半小时后进行测试。

(2) DSC 原则上不用于分解测试，特别应尽量避免对可能产生碳烟或油渍类挥发物进行测试，以免对传感器和炉体造成不易清理的污染甚至损害。实验前应对样品的组成有大致的了解。如有可能的危害性气体产生，又不得不进行测试，实验时要加大吹扫气的用量。

(3) 为了保护传感器，避免在高温下的样品可能挥发或分解造成的污染，应尽量避免无目的、无意义地将样品升到过高的温度或在较高温度下作较长时间的停留。因此建议对于熔融测试，一般升过熔点 20～30 K，待基线走平后，即可开始降温。对于其他反应，一般在希望观察的热效应完成、基线走平之后，即可开始降温。

(4) 在测量过程中全程开启惰性保护气体，有利于延长炉体的使用寿命，且避免在低温下结霜。400 ℃以上的测量须使用惰性气体（一般为 N_2）作为吹扫气体，不能使用空气或 O_2。当炉体处于 450 ℃以上时，一般不建议使用 N_2 进行冷却。

(5) 为了延长炉体与传感器的使用寿命，如无特别的测试需要，一般不建议将仪器升至极限温度。特别是要尽量避免仪器在较高温度（＞500 ℃）的情况下长时间恒温或慢速升温（用于清除污染的空烧场合例外）。实验完成后，建议等炉温降到 200 ℃以下后打开炉体。

4.3　电化学测量仪器

一、电导率仪

电导率是表示物质导电能力的物理量，其数值为电阻率的倒数。测量电导率的方法与测量电阻率的方法是相同的。在物理化学实验中，所测量的电导率主要为水溶液的电导率。目前，溶液的电导率是使用电导率仪进行测量。下面将主要介绍电导率仪的测量原理、操作方法等内容。

1. 电导率仪的工作原理

测量溶液的电导率，需要测定平行电极间溶液部分的电阻。但是，当电流通过电极时，会发生氧化或还原反应，改变电极附近溶液的组成，产生“极化”现象，从而引起电导率测量的严重误差。为此，采用高频交流电测定法，可以减轻或消除上述极化现象，因为电极表面的氧化和还原反应交替迅速，其结果可以认为没有发生氧化或还原反应。

电导率仪由电导池 R_x、高频交流电源 E_O、量程电阻 R_m、信号放大器 Amp 和数字显示器 M 组成。当高频交流电源将电压施加到电导池和量程电阻串联的电路中时，溶液的电导电极和量程电阻对应的电压为 E 和 E_m。将 E_m 通过信号放大器处理，整流后换算成电导率，其原理如图 4-3-1 所示。

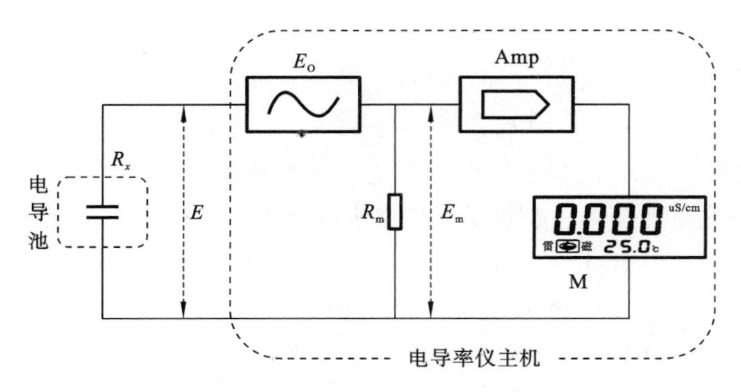

图 4-3-1　电导率仪工作原理图

根据式 $E_m=\frac{E}{R_x}R_m$，$R_x=\frac{K_{cell}}{\kappa}$，$E=E_O-E_m$ 可以得出电导率的计算公式：

$$\kappa=\frac{K_{cell}E_m}{(E_O-E_m)R_m} \tag{4-3-1}$$

式中：E_O 为交流电源产生的总电压，κ 为溶液电导率，K_{cell}为电导电极的电导常数。

由于式(4-3-1)中的 R_m、K_{cell}和 E_O都是确定值，这样溶液电导率 κ 可以通过测量 E_m而得到。

2. DDS-307 型电导率仪的操作方法

DDS-307 型电导率仪(以下简称仪器)是实验室测量水溶液电导率必备的仪器，仪器采用大屏幕 LCD 段码式液晶显示屏，显示清晰、美观。该仪器广泛应用于石油化工、生物医药、污水处理、环境监测、矿山冶炼等行业及大专院校和科研单位。若配用适当常数的电导电极，仪器可用于测量电子半导体、核能工业和电厂纯水或超纯水的电导率。

仪器主要特点及结构(见图 4-3-2)如下：

① 仪器采用大屏幕 LCD 段码式液晶显示屏；

② 可同时显示电导率/温度值，显示清晰；

③ 具有电导电极常数补偿功能；

④ 具有溶液的手动温度补偿功能。

DDS-307 型电导率仪的操作方法如下：

(1) 连接电源线，打开仪器开关，仪器进入测量状态，仪器预热 30 min 后，可进行测量。

(2) 在测量状态下，按“温度”键设置当前的温度值；按“电极常数”和“常数调节”键进行电极常数的设置，简要的操作流程如图 4-3-3 所示。

(3) 设置温度：在测量状态下，用温度计测出被测溶液的温度，按“温度▲”键或“温度▼”键调节显示值，使温度显示为被测溶液的温度，按“确认”键即完成当前温度的设置；按“测量”键放弃设置，返回测量状态，仪器显示如图 4-3-4 所示。

(4) 电极常数和常数数值的设置：仪器使用前必须进行电极常数的设置。目前电导电极的电极常数为 0.01、0.1、1.0、10 四种类型，每种电极具体的电极常数值均粘贴在每支电导电极上，根据电极上所标的电极常数值进行设置。按“电极常数”键或“常数调节”键，仪器进入电极常数设置状态。仪器显示如图 4-3-5 所示。

如电导电极标贴的电极常数为“0.1010”，则选择常数“0.1”并按“确认” 键；再按“常数数

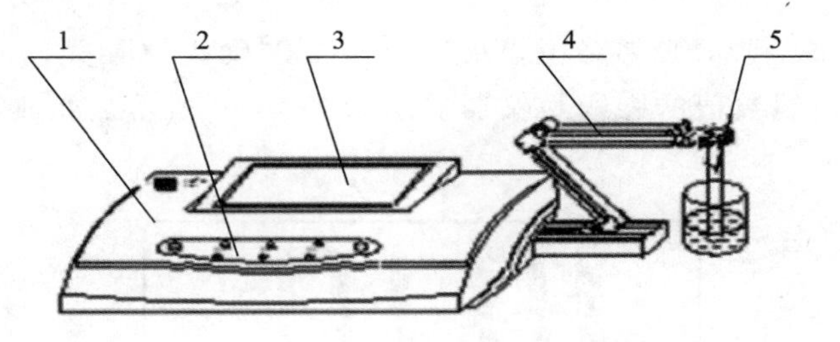

（a）仪器外形结构

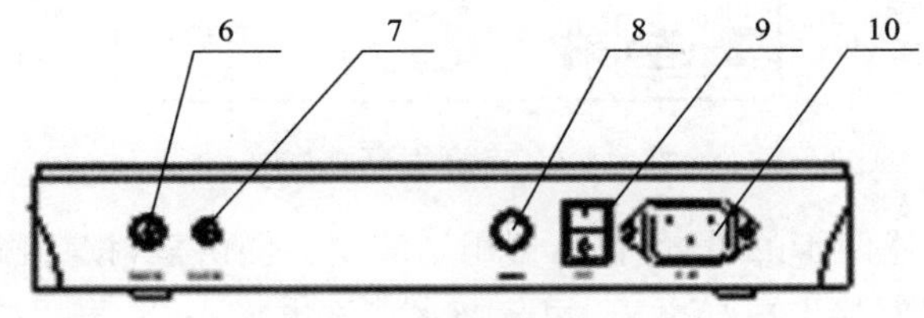

（b）仪器后面板

图 4-3-2　电导率仪结构图

1. 机箱；2. 键盘；3. 显示屏；4. 多功能电极架；5. 电极；
6. 测量电极插座；7. 接地插座；8. 保险丝；9. 电源开关；10. 电源插座

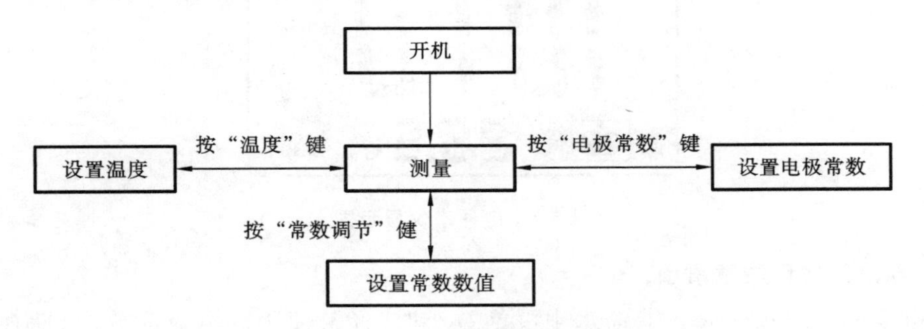

图 4-3-3　电导率仪操作流程

图 4-3-4　电导率仪显示图 1

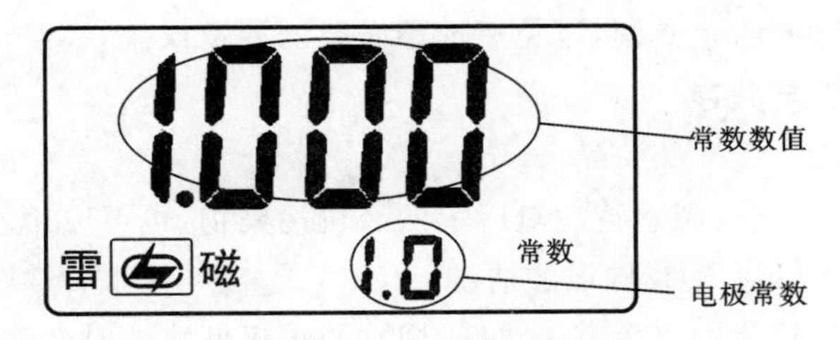

图 4-3-5　电导率仪显示图 2

值▼”键或“常数数值▲”键，使常数数值显示“1.010”，按“确认”键，完成电极常数及数值的设置（电极常数为上下两组数值的乘积），仪器显示如图 4-3-6 所示。如放弃设置，则按“测量”键，返回测量状态。

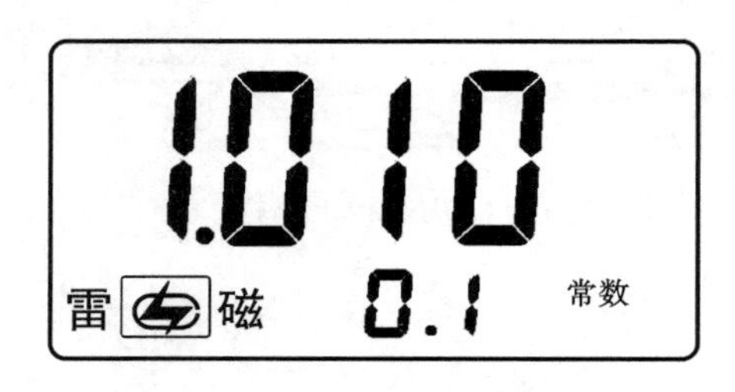

图 4-3-6　电导率仪显示图 3

（5）测量：经过上述四步的设置，仪器可用来测量被测溶液，按“测量”键，使仪器进入电导率测量状态。然后，仪器接上电导电极，用蒸馏水清洗电极头部，再用被测溶液清洗一次，将电导电极浸入被测溶液中，用玻璃棒搅拌溶液使溶液均匀，在显示屏上读取溶液的电导率值。如溶液温度为 25.5 ℃，电导率值为 1.010 mS·cm^{-1}，则仪器显示如图 4-3-7 所示。

图 4-3-7　电导率仪显示图 4

3. 电导率仪使用注意事项

（1）电极使用前必须放入蒸馏水中浸泡数小时，经常使用的电极应放入（储存）在蒸馏水中。

（2）为保证仪器的测量精度，在仪器使用前，用该仪器对电极常数进行重新标定，同时应定期进行电导电极常数标定。

（3）在测量高纯水时应避免污染，正确选择电导电极的常数并最好采用密封、流动的测量方式。

（4）本仪器的 TDS 按电导率 1∶2 的比例显示测量结果。

（5）为确保测量精度，电极使用前应用小于 0.5 μS·cm^{-1}的去离子水（或蒸馏水）冲洗两次，然后用被测试样冲洗后方可测量。

（6）电极插头、插座要防止受潮，以免造成不必要的测量误差。

4. 电导电极的清洗与储存

1）电导电极的清洗

（1）可以用含有洗涤剂的温水清洗电极上的有机污染物，也可以用酒精清洗。

（2）钙、镁沉淀物最好用 10%柠檬酸清洗。

（3）镀铂黑的电极，只能用化学方法清洗，用软刷子机械清洗时会破坏镀在电极表面的镀层（铂黑）。注意：某些化学方法清洗可能再生或损坏被轻度污染的铂黑层。

(4) 光亮的铂电极,可用软刷子机械清洗,但在电极表面不可以产生刻痕,绝对不可以使用螺丝起子之类的硬物清除电极表面,甚至在用软刷子机械清洗时也需要特别注意。

2) 电导电极的储存

电极(长期不使用)应储存在干燥的地方。电极使用前必须放入(储存)在蒸馏水中数小时,经常使用的电极可以放入(储存)在蒸馏水中。

二、电位差计

电位差计亦称电势差计、电位计,是根据被测电动势和已知电池电动势相互补偿的原理制成的高精度测量电位差的仪器。电位差计与电压表相比的主要优点是测量时不需要待测电路供给电流,就可以准确测出电池的电动势。物理化学实验中可用电位差计测量原电池的电动势,也可以通过电动势的测量间接测量电极电势、难溶化合物的溶度积或 pH 值等特性。下面将介绍数字电位差综合测试仪。

1. 数字电位差综合测试仪的工作原理

数字电位差综合测试仪是将 UJ 系列电位差计、光电检流计、标准电池等集成一体,体积小,重量轻,便于携带。电位差值六位显示,数值直观清晰、准确可靠。该数字电位差综合测试仪既可使用内部基准进行校准,又可外接标准电池作基准进行校准,使用方便灵活;具有电位差计测量功能,同时能真实地体现电位差计对比检测误差微小的优势。另外,电路采用对称漂移抵消原理,克服了元器件的温漂和时漂,能提高测量的准确度。

数字电位差综合测试仪的工作原理如图 4-3-8 所示。当测量开关置于内标时,拨动精密电阻箱,通过恒流电路产生电位经数模转换电路送入 CPU,由 CPU 显示电位,使电位显示为 1 V。同时,精密电阻箱产生的电压信号与内标 1 V 电压送至测量电路,由测量电路测量出误

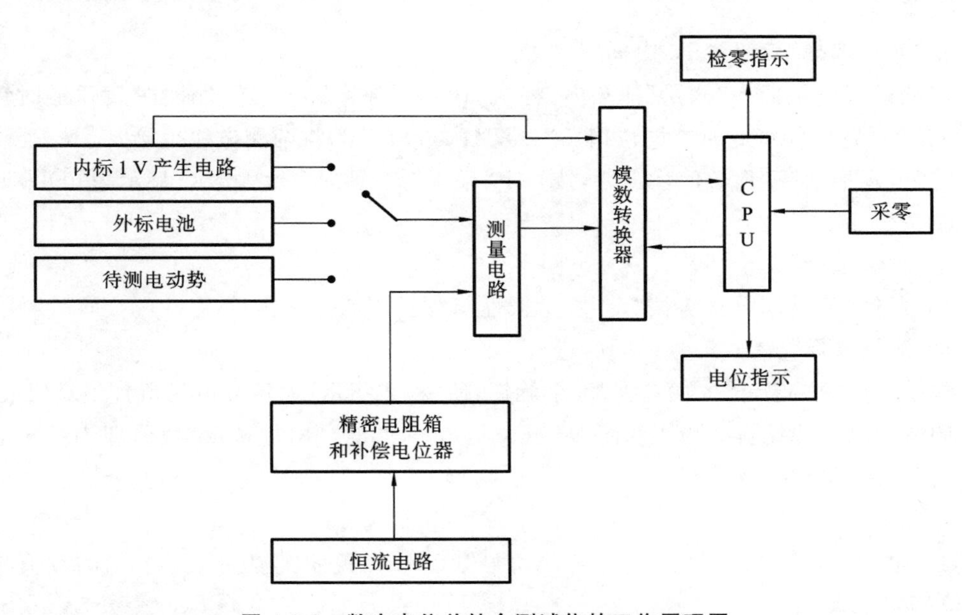

图 4-3-8 数字电位差综合测试仪的工作原理图

差信号，经数模转换电路再送入 CPU，由检零显示误差值，由“采零”按钮控制并记忆误差，以便测量待测电动势进行误差补偿。

数字电位差综合测试仪面板示意图如图 4-3-9 所示。

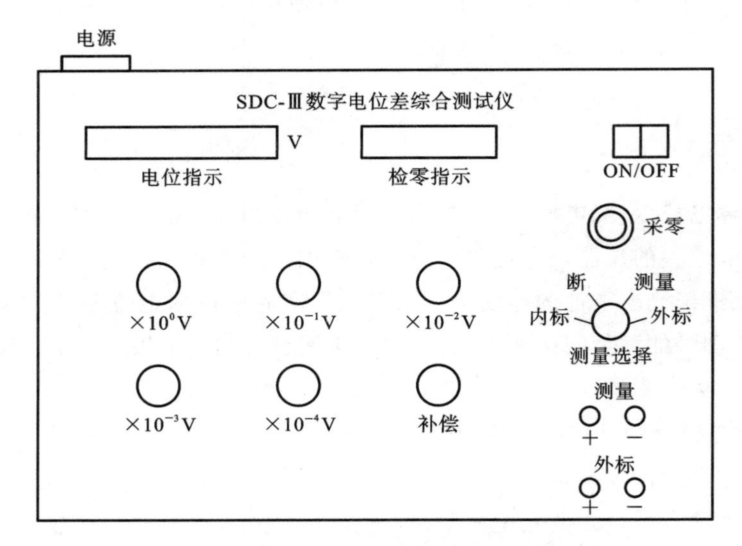

图 4-3-9　数字电位差综合测试仪面板示意图

2. 操作方法

(1) 开机：用电源线将仪表后面板的电源插座与 220 V 交流电源连接，打开电源开关(ON)，预热 15 min 再进入下一步操作。

(2) 内标测量。

① 校验。

a. 将“测量选择”旋钮置于“内标”。

b. 将测试线分别插入“测量”插孔内，将“$\times 10^0$ V”旋钮置于“1”，“补偿”旋钮逆时针旋到底，其他旋钮均置于“0”，此时，“电位指示”显示“1.00000”V，将两测试线短接。

c. 待“检零指示”显示数值稳定后，按一下“采零”键，此时“检零指示”显示为“0000”。

② 测量。

a. 将“测量选择”置于“断”。

b. 用测试线将被测电动势按“+”“−”极性与“测量”插孔连接。

c. 将“测量选择”置于“测量”，同时进行下面的操作。

d. 调节“$\times 10^0$ V”至“$\times 10^{-4}$ V”五个旋钮，使“检零指示”显示数值为负且绝对值最小。

e. 调节“补偿”旋钮，使“检零指示”显示为“0000”，此时，“电位指示”数值即为被测电动势的值。

注意：

● 测量过程中，若“检零指示”显示溢出符号“OU. L”，说明“电位指示”显示的数值与被测电动势值相差过大。

● 电阻箱在“$\times 10^{-4}$ V”挡值时若稍有误差，可调节“补偿”旋钮达到对应值。

(3) 外标测量。

① 校验。

a. 将“测量选择”旋钮置于“外标”。

b. 将已知电动势的标准电池按“＋”“－”极性与“外标”插孔连接。

c. 调节“$\times10^0$ V”至“$\times10^{-4}$ V”五个旋钮和“补偿”旋钮，使“电位指示”显示的数值与外标电池数值相同。

d. 待“检零指示”数值稳定后，按一下“采零”键，此时，“检零指示”显示为“0000”。

② 测量。

a. 拔出“外标”插孔的测试线。

b. 将“测量选择”置于“断”。

c. 用测试线将被测电动势按“＋”“－”极性接入“测量”插孔。

d. 将“测量选择”置于“测量”，同时进行下面的操作。

e. 调节“$\times10^0$ V”至“$\times10^{-4}$ V”五个旋钮，使“检零指示”显示的数值为负且绝对值最小。

f. 调节“补偿”旋钮，使“检零指示”显示为“0000”，此时，“电位指示”显示的数值即为被测电动势的值。

注意：调节挡位时，指示灯常亮，表示挡位未调节到位，请调节至指示灯熄灭。

(4) 关机：实验结束后关闭电源。

注意：正常测试时，若外界有强电磁干扰，“检零显示”会显示 “OU. L”，此时仪器内部保护电路开启，一般情况下，稍等片刻即可自动恢复正常。若长时间不恢复或显示明显异常，说明此干扰程度过于强烈，此时应关闭电源，然后重新开机。

3. 注意事项

(1) 仪器需要置于通风、干燥、无腐蚀性气体的场合。

(2) 仪器不宜放置在高温环境，避免靠近发热源如电暖器或炉子等。

(3) 为了保证仪表正常工作，没有专门检测设备的单位和个人勿打开机盖进行检修，更不允许调整和更换元件，否则将无法保证仪表测量的准确度。

三、电化学工作站

电化学工作站是由计算机控制的电化学测试仪器，该仪器集成了几乎所有常用的电化学测量技术，包括恒电位、恒电流、电位扫描、电流扫描、电位阶跃、电流阶跃、脉冲、方波、交流伏安法、库仑法、电位法及交流阻抗等，可以应用于电池测试、金属沉积、金属腐蚀测试、电化学性能测试、光电性能测试等。在物理化学实验中，可以采用电化学工作站测量金属的阳极钝化行为、电池材料的性能。这里，我们以 CHI660 系列电化学工作站为例说明电化学工作站的工作原理及操作方法。

1. 电化学工作站原理

CHI660 系列电化学工作站通常由恒电位仪、信号发生器、记录装置及外部电解池系统组成，其原理示意图如图 4-3-10 所示。电解池通常可包含工作电极、辅助电极和参比电极。工作站由计算机软件控制进行测量。计算机的数字量可通过数模转换器(DAC)转化成能用于控制电位仪或恒电流仪的模拟量。

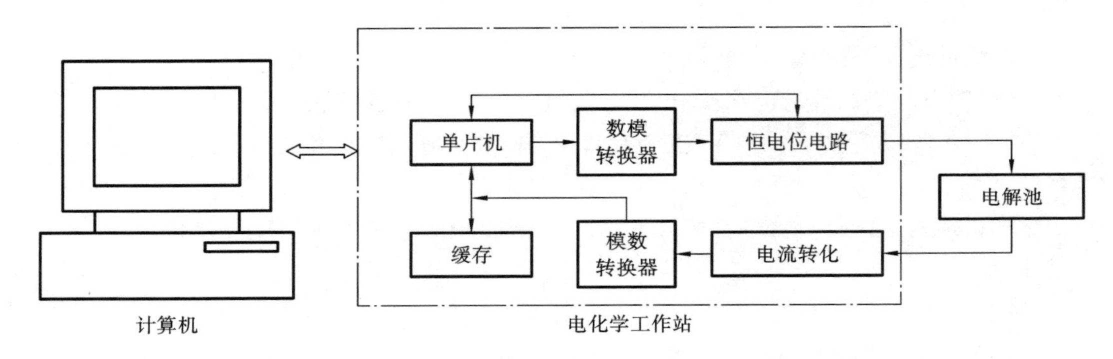

图 4-3-10　电化学工作站工作原理示意图

恒电位仪或恒电流仪输出的电流、电压及电量等模拟量可通过模数转换器转化成计算机识别的数字量，并记录。通过计算机可改变电压波形、进行电流和电压的采样、控制电解池的通断等操作，从而实现不同的电化学测试功能。

2. 操作方法

电化学工作站包括不同的电化学测试方法，如循环伏安法、线性扫描法、计时电流法、交流伏安法、交流阻抗法、计时电位法等。每种方法的操作步骤基本相同，但具体参数设置不同。下面介绍简单的操作步骤。

(1) 使用前先将电源线和电极连接：红夹线接辅助电极，绿夹线接工作电极，白夹线接参比电极。

(2) 电源线和电极连接好后，将三电极系统插入电解池。

(3) 打开工作站开关。

(4) 双击桌面 CHI 快捷方式图标，打开 CHI 工作站控制界面。

(5) 进行仪器自检操作："Set up→Hardware test"。自检成功后，显示各项参数"OK"。

(6) 选择测试方法(Technique)，用此命令可选择某一电化学实验技术，将鼠标指针指向所选择的技术，然后双击该技术名，也可单击技术名，然后按"OK"键。

(7) 选择实验参数(Parameters)：选定实验技术后，就可设置所需的实验参数。实验参数的动态范围可用帮助(Help)看到。如果你输入的参数超出了许可范围，程序会给出警告，给出许可范围，并让你修改。在数据采样不溢出的情况下，你应该选择尽可能高的灵敏度(Sensitivity)，这样模/数转换器可充分利用其动态范围，从而可保证数据有较高的精度和较高的信噪比。

(8) 运行(Run)实验：选定实验技术和参数后，便可进行实验。此命令可启动实验测量。

(9) 暂停/继续(Pause/Resume)实验：如在伏安法实验过程中，用此命令可暂停电位扫描，这时电解池仍接通，再次执行此命令可继续实验测量。此命令不适用于快速实验。终止实验执行(Stop Run)，此命令可终止实验。对于快速实验，由于实验可在短时间内完成，大部分时间用于数据传送，所以此命令不适用。

(10) 实验结束，保存文件，文件可以转化为 txt 文件。

(11) 关闭软件，关闭电化学工作站，关闭电脑。

4.4　光学测量仪器

一、阿贝折光仪

折光率是物质的特性参数，测定体系的折光率可以确定溶液的组成，检验物质的纯度；折光率的数据也用于研究物质的分子结构，如计算摩尔分子折光率和极性分子偶极矩。阿贝折光仪是测定折光率的常用仪器，测定折光率的范围为1.3至1.7，精度可达0.0001。它的优点在于所需试样很少，只要数滴液体即可测定；测定方法简单，无需特殊光源设备，普通日光以及其他白光都可使用；棱镜有夹层，可通恒温水（用超级恒温槽供给）以保持需要的恒定温度。阿贝折光仪是物理化学实验室的常用仪器。

1. 阿贝折光仪的原理

如图4-4-1所示，当单色光从介质Ⅰ进入介质Ⅱ时，由于传播速度的不同，发生了折射现象。根据光的折射定律，入射角 i 和折射角 r 有如下关系：

$$\frac{\sin i}{\sin r}=\frac{v_1}{v_2}=\frac{n_2}{n_1}=n_{21} \tag{4-4-1}$$

式中：v_1、v_2 分别为光在介质Ⅰ、Ⅱ中的传播速度；n_1、n_2 分别为介质Ⅰ、Ⅱ的折光率；n_{21} 为介质Ⅱ对于介质Ⅰ的相对折光率。阿贝折光仪就是利用光的折射现象制成的。

若以真空为标准（$n_1=1.0000$），则 $n_{21}=n_2$，称为介质Ⅱ的绝对折光率。空气的绝对折光率为1.00029，如以空气为标准，这时所得物质的折光率称为常用折光率。同一物质的两种折光率之间的关系为

$$\text{绝对折光率}=\text{常用折光率}\times 1.00029$$

由式（4-4-1）可知：如果 $n_2>n_1$，则折射角 r 恒小于入射角 i，当入射角增加到90°时，折射角也相应地增加到最大数值 r_c；此时在介质Ⅱ中从 OY 到 OA 之间（见图4-4-1）有光线通过，OA 到 OX 之间为暗区。r_c 称为临界角，它决定明暗分界线的位置，当入射角为90°时，式（4-4-1）可写成

$$n_1=n_2\sin r_c$$

即当固定一种介质（介质Ⅱ）时，临界角 r_c 的大小与折光率 n_1（表征介质Ⅰ的性质）有简单的函数关系。阿贝折光仪就是根据这个原理设计的。

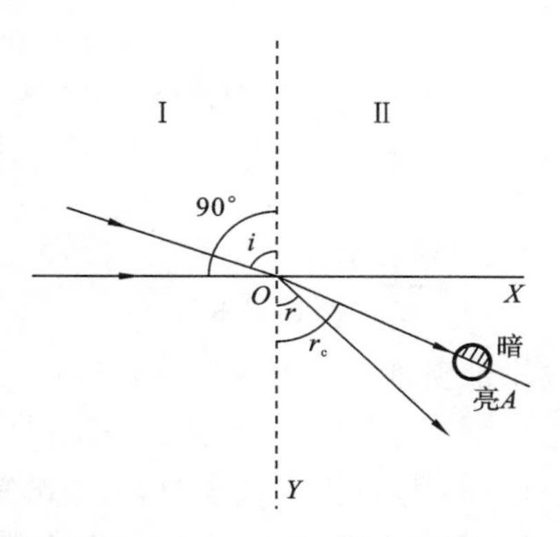

图4-4-1　光的折射原理图

物质的折光率除了与所用的波长有关外还与温度有关，通常用 n_D^{20} 表示，意为20 ℃时该介质对钠光D线（$\lambda=589.3$ nm）的折光率。

阿贝折光仪内部构造及外形如图4-4-2所示，主要部分为直角棱镜5及7，它们在其对角线上的平面重叠，中间仅留微小的缝隙，待测液体放在其中，连续散布成一极薄液层，当入射光线从反射镜射入棱镜7时，由于棱镜7的对角线是粗糙的毛玻璃，光线在毛玻璃上产生散射。由于棱镜5的折光率较高（约1.85），故折射光线均落在临界角 r_c 之内，并穿过棱镜7。以上讨论是就单色光而言的，若以白光为光源，由于白光是由各种波长的光混合而成的，其波长不

同，所以产生的折射也不同，这说明暗界线呈现一较宽色带，这种现象称为色散。为此，在阿贝折光仪上装有色散棱镜（阿米西棱镜），可以用手轮调节两组色散棱镜的位置以消除色散，使之得到清楚的明暗界线，并将原色散的光线还原到钠光的 D 线，因而测得的折光率即为 n_D。我们就是依据测定这种明暗界线的位置（见图 4-4-3）来确定被测物质的折光率。具体方法是通过与这种位置联系的刻度标尺读出折光率，分界线的零点位置可通过镜筒上的凹槽用小螺丝刀调节校正，为了测量时恒定温度可在图 4-4-2 中 3 处通入恒温水，并由夹套中的温度计 4 读出温度。

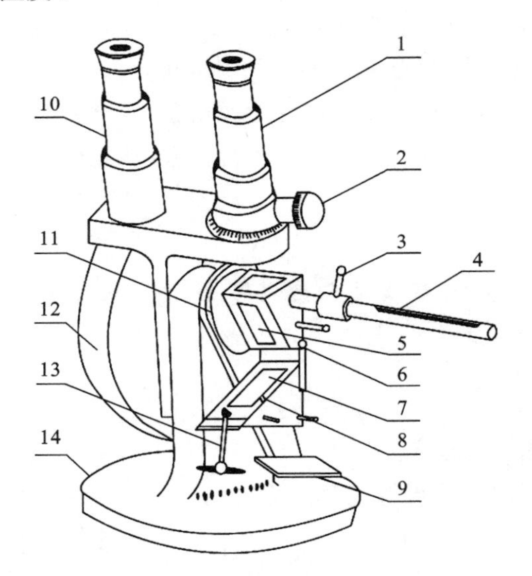

图 4-4-2 阿贝折光仪示意图

1. 测量望远镜；2. 消色散手柄；3. 恒温水入口；4. 温度计；5. 测量棱镜；6. 铰链；7. 辅助棱镜；8. 加液槽；9. 反射镜；10. 读数望远镜；11. 转轴；12. 刻度盘罩；13. 闭合旋钮；14. 底座

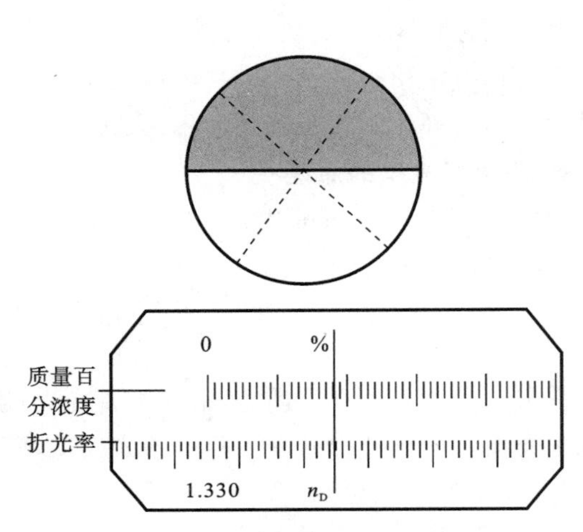

图 4-4-3 折光仪目镜中观察图

2. 操作方法

(1) 在棱镜处的恒温水接头上接好超级恒温槽的进出水管，调节超级恒温槽中水温至所要求的温度。恒温一段时间待阿贝折光仪上温度计读数至要求的温度后进行测量。

(2) 打开棱镜，用酒精或乙醚润湿棱镜，再用擦镜纸擦干。

(3) 校正折光仪读数，可用已知折光率的纯液体（如重蒸馏水 $n_D^{20}=1.3326$）或标准玻璃块（随仪器出厂附件）进行校正。如用后者校正，则打开图 4-4-2 中的棱镜 5，向后旋 180°，在标准玻璃块的抛光面上加一滴溴化萘，合上棱镜 5，打开标准玻璃块侧面挡板接收光线。转动螺旋，由目镜观察明暗分界线后，转动手轮 2 消除色散，使明暗界线清楚地观察放大镜内的刻度。

(4) 再调节手轮，使其读数为玻璃块的已知折光率后，再观察目镜，看明暗分界线是否落在十字交叉中心处。

(5) 将待测液体用滴管加在下棱镜的磨砂面上，合上棱镜（要求液面均匀而无气泡），如被测液体易挥发，则需用微量注射器从棱镜侧面小孔处加入。

(6) 调节反光镜 9，使两目镜内视场明亮。

(7) 分别转动手轮,使明暗分界线清楚(无色散)地呈现在十字交叉中心处,由放大镜内刻度盘上的数字读出折光率(见图 4-4-3)。

3. 注意事项

(1) 阿贝折光仪最重要的是两直角棱镜,使用时不能将滴管或其他硬物碰到镜面,以免损坏。

(2) 对强酸、强碱及氟化物等腐蚀性液体不宜使用阿贝折光仪进行测量。

(3) 折光仪用毕,应该用酒精或乙醚洗净镜面,用专用擦镜纸擦干净。

二、旋光仪

旋光仪是测定物质旋光度的仪器,通过对旋光度的测定,可以分析确定物质的浓度、含量及纯度等,它广泛地应用于制糖、制药、石油、食品、化工等工业部门及有关高等院校和科研单位。旋光仪也是物理化学实验室常用的仪器。

1. 旋光仪的工作原理

旋光仪是通过光源产生平面偏振光,然后使平面偏振光通过旋光性物质时,偏振光在振动方向转过一个角度,即旋光度。如果平面偏振光通过某种纯的旋光性物质,旋光度的大小与平面偏振光的波长 λ、旋光物质的温度 t、旋光物质的种类有关。通常,规定旋光管的长度为1 dm (100 mm),待测物质溶液的浓度为 1 $g \cdot mL^{-1}$,温度为 t ℃,平面偏振光波长为 λ 时测得的旋光度叫做该物质的比旋光度,用$[\alpha]_\lambda^t$ 表示。比旋光度仅取决于物质的种类,因此,比旋光度是物质特有的物理常数。

根据比旋光度可以计算物质的旋光度,如公式

$$\alpha_\lambda^t = [\alpha]_\lambda^t \cdot l \cdot c \tag{4-4-2}$$

式中:l 为测试溶液(旋光管)长度,单位为 mm;c 为测试溶液中旋光物质的浓度,通常以每 100 mL 溶液中含有旋光物质的克数来表示。

若已知测试物质的比旋光度$[\alpha]_\lambda^t$,在一定波长、一定温度下测出的旋光度 α_λ^t,测试溶液的长度 l,则可由式(4-4-2)计算出溶液中旋光物质的浓度 c,即

$$c = \frac{\alpha_\lambda^t}{[\alpha]_\lambda^t \cdot l} \tag{4-4-3}$$

倘若溶质中除含有旋光物质外还含有非旋光物质,则可由配制溶液时的浓度和由式(4-4-2)求得的旋光物质的浓度 c,算得旋光物质的含量或纯度。

旋光仪的工作原理如图 4-4-4 所示。仪器光源由孔径光阑和物镜组成一个简单的点光源平行光管,平行光经偏振镜(Ⅰ)变为平面偏振光。当偏振光经过有法拉第效应的磁旋线圈时,其振动方向产生 50 Hz 的一定角度的往复振动,光线经过偏振镜(Ⅱ)投射到光电倍增管上,产生交变的电信号经过功率放大器。当偏振光通过具有旋光性样品时,偏振光的振动方向转过一个角度 α,此时光电信号驱动伺服电机转动。通过蜗轮、螺杆带动检偏镜转动 α 角,使仪器重回平衡(即回到光学零点),此时计数器的读数盘显示出样品的旋光度。

2. 操作方法

全自动旋光仪外观图如图 4-4-5 所示。

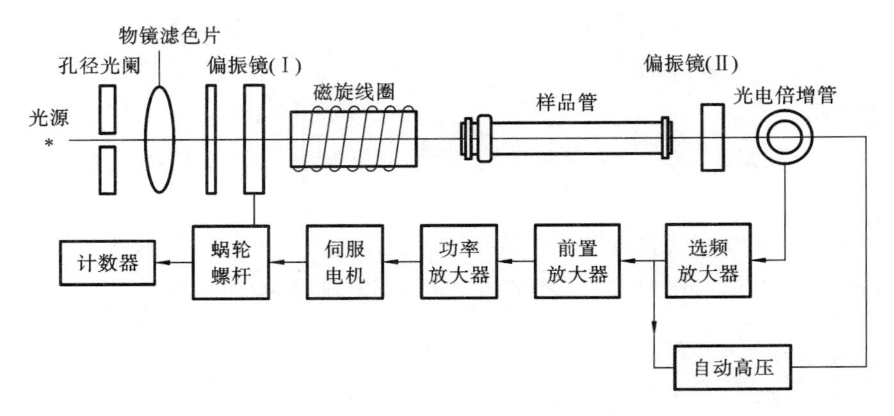

图 4-4-4　旋光仪工作原理图

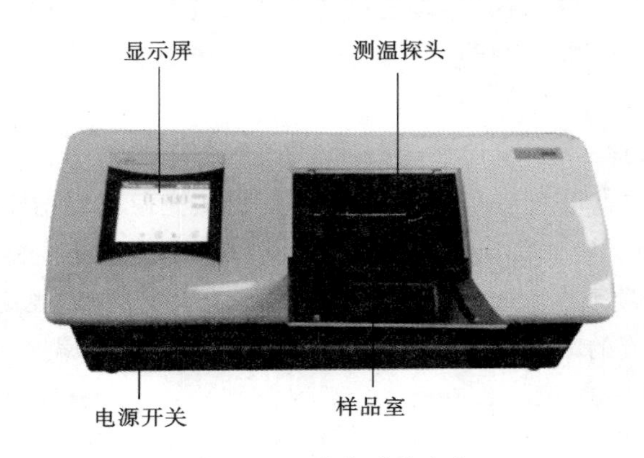

图 4-4-5　全自动旋光仪

(1) 打开电源，光源启动，仪器预热 15 min。

(2) 按显示屏上“模式”键，进入模式选择界面，再选择“旋光度”，即进入旋光度测量界面。

(3) 将装有蒸馏水或其他空白溶剂的试管放入样品室，盖上样品室盖，按“清零”键，显示读数 0。试管中若有气泡，应先让气泡浮在凸颈处；通光面两端的雾状水滴，应用软布擦干。试管螺帽不宜旋得过紧，以免产生应力影响读数。试管安放时应注意标记位置和方向。

(4) 取出试管。将待测样品注入试管，按相同的位置和方向放入样品室，盖好室盖。仪器将显示出该样品的旋光度(或相应示值)。

(5) 仪器设置为自动测量 n 次，得 n 个读数并显示平均值。如果测量次数设定为 1，可用“复测”键手动复测，当复测次数 $n>1$ 时，按“复测”键，仪器将清除前面的测量值，再连续测量 n 次。

(6) 每次测量前，要按“清零”键。

(7) 仪器使用完毕后，应关闭电源开关。

三、紫外可见分光光度计

紫外可见分光光度计是根据物质的特征吸收波长对物质进行定性或定量测试的仪器。物理化学实验中可采用紫外可见分光光度计间接测量物质的浓度变化，从而可以测量反应过程的动力学参数等数据。

1. 工作原理

当分子中的某些基团吸收了紫外可见辐射光后，发生了电子能级跃迁而产生的吸收光谱，即为分子的紫外可见吸收光谱。由于各种物质具有不同的分子、原子和分子空间结构，其吸收光能量的情况也就不相同，因此，每种物质就有其特定的吸收光谱曲线，可根据吸收光谱上的某些特征波长处的吸光度的高低判别或测定该物质的含量，这就是紫外可见分光光度计定性和定量分析的基础。

根据朗伯(Lambert)定律可知，光的吸收率与吸收层厚度成正比，比耳(Beer)定律说明光的吸收率与溶液浓度成正比；如果同时考虑吸收层厚度和溶液浓度对光的吸收率的影响，即得朗伯-比耳定律，即 $A=\varepsilon bc$（A 为吸光度，ε 为摩尔吸光系数，b 为吸收层（液池）厚度，c 为溶液浓度）就可以对溶液进行定量分析。

紫外可见分光光度计的工作原理图如图 4-4-6 所示。紫外可见分光光度计路系统由脉冲氙灯光源、凹面光栅单色器、反射镜、狭缝等组成。脉冲氙灯具有瞬时发光强度大、光谱范围广、紫外光度强、无需预热等特点，为后面的检测快速提供可靠实用的光源信号。脉冲氙灯发出紫外光，经由步进电机带动的凹面光栅分光系统组成的单色器装置，光栅色散分光后的光线经过半透半反镜可以将光束一分为二，一束作为样品光束进入样品池，另一束作为参比光束用

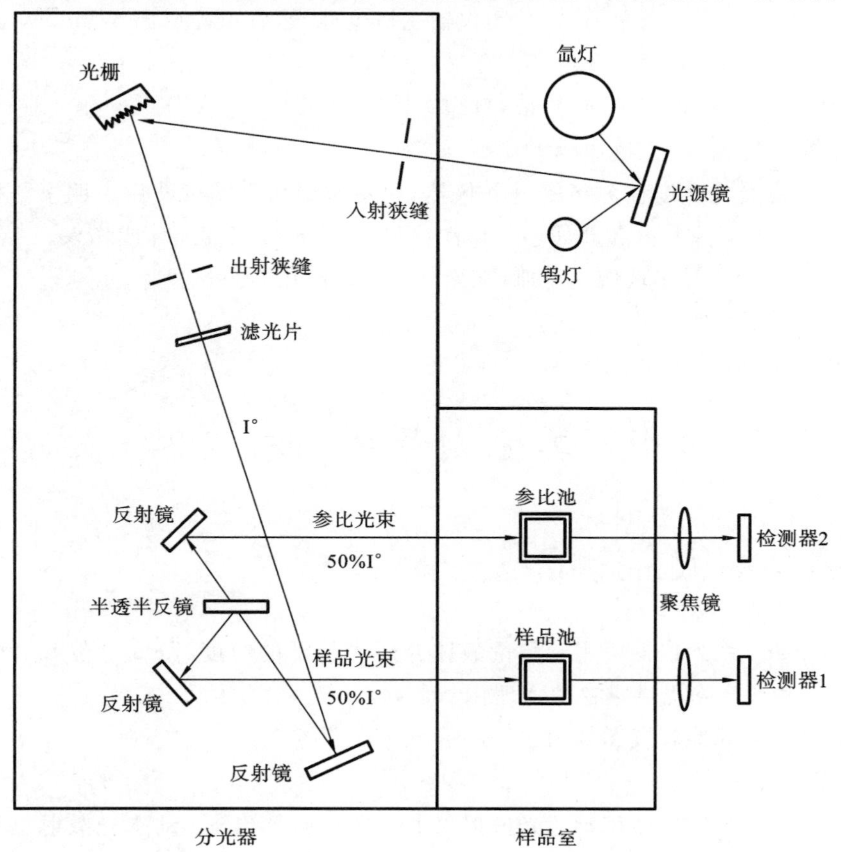

图 4-4-6　紫外可见分光光度计工作原理图

于修正光源波动，整个过程同步实现了分光、检测和基线校正等功能。被吸收后的光信号经光电二极管转化成相应的电信号，经过 AD 转换后再通过无线数据传输传送到上位机进行实时显示，紫外可见分光光度计软件对其进行存储并处理。

2. 操作方法

（1）打开计算机的电源开关，进入 Windows 操作环境。确认样品室中无挡光物，打开主机电源开关，用鼠标单击“开始”选择“程序”→UVwin5 紫外软件 V5.0.4，由此进入紫外控制程序，出现初始化工作界面，计算机将对仪器进行自检并初始化。每次测试后，在相应的项后显示“OK”，整个过程需要 4 min 左右，仪器需预热 15～20 min。

（2）在样品池插入黑挡板，选择“测量”菜单中的“暗电流校正”项，在整个波长范围内进行暗电流校正并存储数据。

（3）选择“应用”菜单中的测量模式（光谱测量、光度测量、定量测量和时间扫描），选择“配置”菜单中的“参数”项，设置测量参数。

（4）在样品池和参比池中放入参比溶液，选择“测量”菜单中的“基线校正”项，在整个波长范围内进行基线校正并存储数据。

（5）根据参比池在内、样品池在外的原则放入样品，单击“Read”（或“Start”）进行测量。

（6）保存数据。

（7）测量结束后，关闭测量窗口，关闭仪器主机电源，然后正确退出 Windows 并关闭计算机电源，取出比色皿进行冲洗。

（8）清扫仪器，保持仪器干净、整洁，打扫实验室，断电。

3. 注意事项

（1）紫外可见分光光度计为精密电子仪器，使用时请认真阅读使用说明书。机内有高压电源，严禁带电插拔电源及电缆。如违反操作规程，可能导致仪器损坏或伤人。

（2）在可见区测定时用玻璃比色皿，在紫外区测定时用石英比色皿。

（3）比色皿勿盛装腐蚀性的液体。

（4）测量完后，须清洗比色皿。

4.5　其他测量技术与仪器

一、Zetasizer Nano 测试仪

Zetasizer Nano 系列仪器可用于测量液体介质中粒子的粒度、Zeta 电位和大分子的分子量，可以为胶体和聚合物提供重要的物理化学参数。

Zetasizer Nano 仪器装置图如图 4-5-1 所示。

1. 工作原理

Zetasizer Nano 测试仪使用动态光散射（DLS）进行粒径测量。动态光散射也称为光子相关光谱（PCS），可用于测量布朗运动，此运动与粒径相关。这是通过用激光照射粒子，分析散射光的光强波动实现的。

图 4-5-1　Zetasizer Nano 仪器装置图

散射光波动可理解为：如果小粒子被光源（如激光）照射，粒子将在各个方向散射；如果将屏幕靠近粒子，屏幕即被散射光照亮。

对动态光散射来说，布朗运动的一个重要特点是：小粒子运动快速，大颗粒运动缓慢。在 Stokes-Einstein 方程中，定义了粒径与其布朗运动速度之间的关系。由于粒子在不停地运动，散射光斑也将出现移动。由于粒子四处运动，散射光的建设性和破坏性相位叠加，将引起光亮区域和黑暗区域呈光强方式增加和减少或以另一种方式表达，光强似乎是波动的。Zetasizer Nano 测量了光强波动的速度，然后用于计算粒径。

2. 操作方法

（1）打开仪器电源，预热 30 min 后方可进行测试。

（2）打开电脑，双击桌面上的图标“Zetasizer Software”打开软件。

（3）检查软件右下角“Nano”图标确认仪器是否正确连接（软件打开后仪器上的指示灯从红绿相间状态变为绿色）。

（4）点击主菜单中的“File-New/Open”以新建/打开测量文件“Measurement File”。

（5）点击主菜单中的“Measure”开始测量样品。选择“Manual”（手动设置）或打开 SOP 测量条件。

（6）测量条件的设置。

① Size 的测量。

a. 样品的制备：将过滤后的样品直接滴入样品池，尽量避免气泡产生，样品高度可以参考样品槽翻盖上样品池投影的高度，盖上盖子；接触样品池的对角，不能碰触底部，保持外壁干净。

b. 点击“Measurement Type”选择测量目的 Size。

c. 点击“Sample”输入样品名称（Sample Name）和备注（Notes）。

d. 点击“Material”选择所测样品。

e. 点击“Dispersant”选择分散剂，如果不在列表中请添加。

f. 点击“Temperature”设定测试的温度及平衡时间。

g. 点击“Cell”选择样品池类型（DTS0012）。

h. 点击“Measurement”设定测量次数。

i. 其他参数选择默认即可，点击“OK”按钮开始测试。

注意:好的测试型号是相关曲线平滑、一次衰减;平台高度低于但接近于 1.0;三次检测的重复性好。散射光光强＞100 可测,Count Rate 200～300 最佳,PDI 0.3～0.7 最佳。

② Zeta Potential 的测量。

a. 将样品通过注射器注入相应的样品池,注意不要有气泡在样品池中,先倒着注入 U 形管一半时再正着注入。

b. 点击“Measurement Type”选择测量目的“Zeta Potential”。

c. 点击“Sample”输入样品名称(Sample Name)和备注(Notes)。

d. 点击“Material”选择所测样品。

e. 点击“Dispersant”选择分散剂。

f. 点击“General Options”选择“F(Ka)”参数(极性溶液选择 S,非极性液体选择 H)。

g. 点击“Temperature”设定测试的温度及平衡时间。

h. 点击“Cell”选择样品池类型(DTS1070)。

i. 点击“Measurement”设定测量次数。

j. 其他参数选择默认即可,点击“OK”按钮开始测试。

注意:好的测试结果是 Phase Plot 高频区域斜率清晰,明显观察到电压转换造成的相位转换,低频的斜率清晰,具有一定的线形,多次测量有重复性。

(7) 数据导出:选择要导出的数据,点击桌面上的导出数据文件夹,选择相应的数据类型,并另存为一个文件名。

(8) 测量结束后关闭仪器及电脑。

注意:不知道溶液最佳测试浓度时,点击“Tools-Count Rate Meter”, Zeta 选择“Font”, Size 选择“Back”,选择相应“Cell”类型,调节 Current(7-10),使得 Count Rate 达到最佳测试值 200～300。

经过上述的测量,可得胶体的粒径分图和 Zeta 电位图,如图 4-5-2 所示。

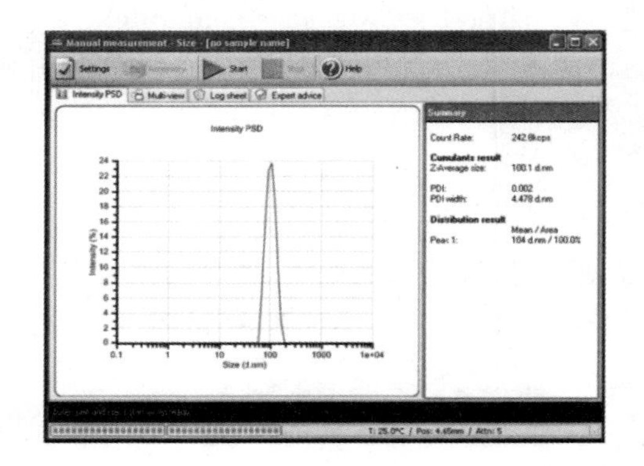

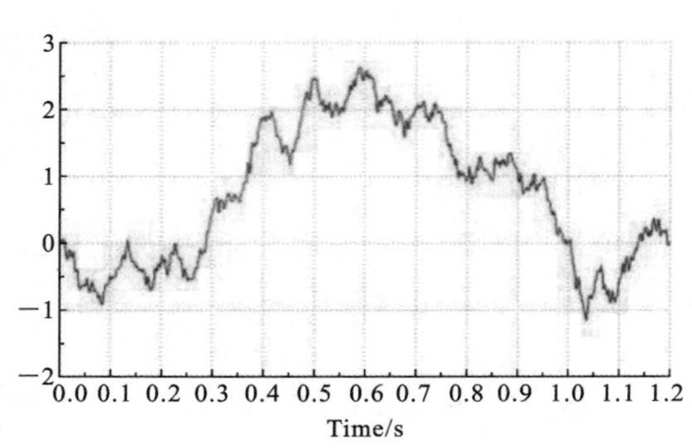

图 4-5-2 胶体的粒径分布图和 Zeta 电位图

二、DSA20 接触角测量仪

接触角测量仪主要用于测量液体对固体的接触角,即液体对固体的浸润性,该仪器能测量各种液体对各种材料的接触角。接触测量仪对石油、印染、医药、喷涂、选矿等行业的科研生产有非常重要的作用。接触角的测量可以揭示固体的表面张力性质。

DSA20 接触角测量仪装置图如图 4-5-3 所示。

图 4-5-3 DSA20 接触角测量仪装置图

1. 工作原理

接触角是指在一固体水平面上滴一液滴，固体表面的固-液-气三相交界点处，其气-液界面和固-液界面两切线把液相夹在其中时所成的角。接触角测量仪利用注射器针头将一滴待测液体滴在固体基质表面。液滴会贴附在基质表面并投射出一个阴影。投影屏幕千分计会利用光学放大作用将影像投射到屏幕上以进行测量。这个投影屏幕千分计带有一个可调式标本夹，能够在垂直方向或轴向上对准图像；通过滑动屏幕可在水平方向上调整图像。锁定旋钮可将投影液滴固定在位。若要读取液滴角度，可以从图像拐角接触点的水平线与图像曲线的切线测量角度，如图 4-5-4 所示。所测角度可以通过计算软件处理得到。

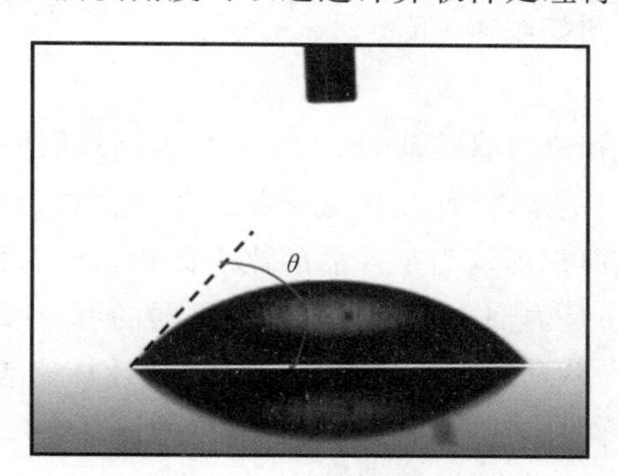

图 4-5-4 接触角测试图

2. 操作方法

1）接触角的测试

(1) 打开 DSA20 电源，仪器自检，背光灯亮。

(2) 自检过后，双击 DSA20 操作软件，软件启动结束后，出现图像。

(3) 在样品台上，放上被测样品。

(4) 在“Dosing”窗口中，选“Volume-3ul”，按“∧”(箭头)滴出液滴。

（5）上升样品台接下液滴，按“Baseline Determination”（基线检测）图标，必要时可手动调基线。

（6）按“Contact Angle”进行计算。

（7）也可以按红色“●”按钮开始录像，录像结束后，出现“另存为”界面，输入文件名，按回车键保存。回放图像进行测量。

（8）测量结束后，先退出软件，再关仪器。

2）表面张力的测量

（1）在“Dosing”窗口中，选“Continue”按“∧”（箭头）滴出液滴，使液滴直径最大。

（2）单击右键，选择“PendentDrop”（悬滴），在“DropInfo”中输入针头直径和液体密度。

（3）设置基准线、像素线、轮廓线后，按“MAG”和“Fit”图标测量。

3. 注意事项

（1）接触角小于 40°时，最好用 Circle Fitting 法测量。

（2）整个过程中，手指不得接触样品表面。

（3）一般 MAG 值≤120，否则要调整背光亮度。

（4）液体表面张力小于 30～40 $mN \cdot m^{-1}$时，要换细针测量。

（5）精密仪器不得擅自操作。

三、物理吸附仪

物理吸附仪是测量固体材料的比表面积、孔径分布、孔容以及吸脱附等温曲线等行为的现代测试仪器。通过物理吸附仪的测试，可以了解材料的表面物理化学性质，已经在催化、医疗、环境、能源等材料的测试方面得到广泛应用。

物理吸附仪的结构示意图如图 4-5-5 所示。

1. 工作原理

由于没有工具对比表面积进行直接测量，人们就根据物理吸附的特点，以已知分子截面积的气体分子作为探针，创造一定条件，使气体分子覆盖于被测样品的整个表面（吸附），通过被吸附的分子数目乘以分子截面积即认为是样品的比表面积。比表面积的测量包括能够到达表面的全部气体，无论是外部还是内部。物理吸附一般是弱的可逆吸附，因此固体必须被冷却到气体的沸点温度，并且选择一种理论方法从单分子覆盖中计算比表面积。比表面积和孔隙度分析仪器就是创造相应的条件，实现复杂计算的一种仪器。

BET 法测定比表面积的原理详见综合实验 3-8 部分。

2. 操作方法

下面通过麦克仪器公司的 TriStar Ⅱ 3020 物理吸附仪操作过程来说明。

1）准备工作

（1）检查气瓶压力值是否在 0.1～0.15 MPa。

（2）注意分析杜瓦瓶中液氮位置。

2）开机

（1）开启外围设备，包括泵、电脑、打印机等。

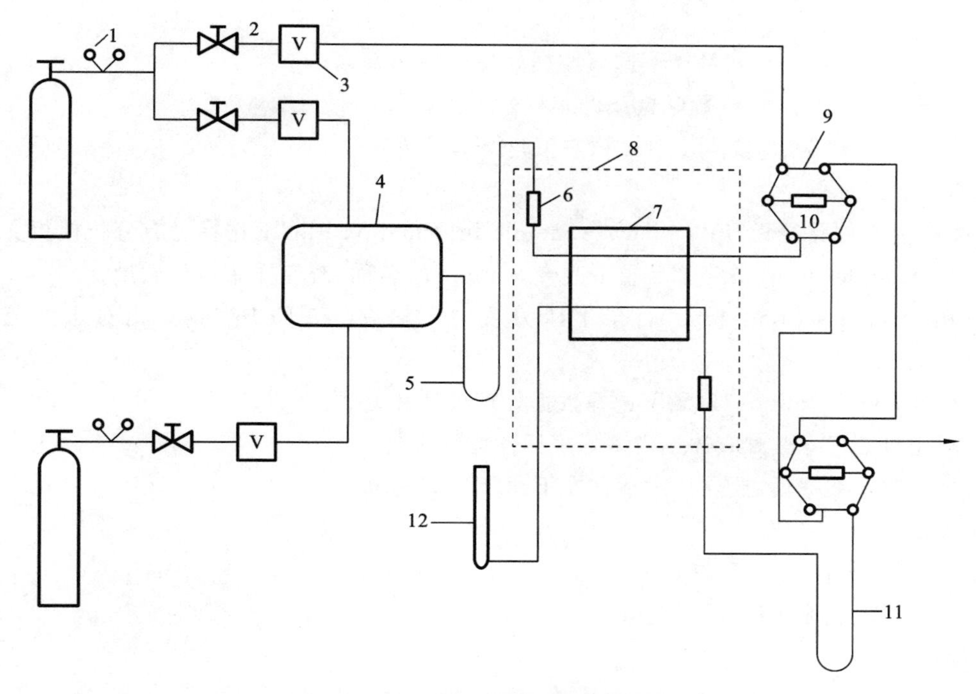

图 4-5-5　物理吸附仪结构示意图

1. 减压阀；2. 稳压阀；3. 流量计；4. 混合器；5. 冷阱；6. 恒温管；7. 热导池；
8. 油浴箱；9. 六通阀；10. 定体积管；11. 样品吸附管；12. 皂末流速记

(2) 打开主机电源。

(3) 打开应用软件。

3) 样品测试

(1) 处理样品(必要时先烘干)并称量两个质量：m_A，空管质量(包括橡胶塞)；m_B，管和样品的总质量。计算 $m_B - m_A$，得脱气前的样品重量。

(2) 建立样品文件(File→New→Sample Information File)。

(3) 编辑文件信息并保存。

(4) 脱气(计时是人工计时，温度设定要看样品的性质，设定的温度越高，脱气时间相对越短)。

(5) 脱气后，称取管和样品的质量 m_C，计算 $m_C - m_A$，得脱气后样品的实际质量。

(6) 点击“Unit→Sample Analysis”进行分析，点击“Browse”选择文件，输入样品质量(脱气后样品的实际质量)。

(7) 结束后，选择“Report→Start Report”打开文件报告，分析数据。

(8) 清洗样品管，在下一次使用前确保样品管干燥。

4) 样品文件信息的编辑设定

(1) 测比表面积的孔径空容。

建立样品文件路径为“File→New→Sample Information File”，选择已有分析模板文件。

a. 在“Sample Information”目录下改变 Sample 的名称，改变样品实际质量。

b. 在“Analysis Conditions”目录下根据样品实际要求编辑待测压力点。一般有 55 个压力点左右。

c. 在“Report Options”目录下选择数据处理模型和方式。

d. 点击“Edit”可得对应数学模型的多样性详细报告。

e. 每次改变数据后，要点击对话框左下角“Save”按钮。

(2) 测比表面积。

建立样品文件路径为“File→New→Sample Information File”，选择已有分析模板文件。

a. 在“Sample Information”目录下改变 Sample 的名称，改变样品实际质量。

b. 在“Analysis Conditions”目录下压力表中一般有 5～10 压力点（相对压力范围为 0.05～0.3）。

c. 在“Report Options”目录下选择数据处理模型和方式。

d. 点击“Edit”可得对应数学模型的多样性详细报告。

e. 每次改变数据后，要点击对话框左下角“Save”按钮。

5）关机

(1) 先退出软件。

(2) 关主机，关泵，关气体，关电脑。

3. 注意事项

(1) 分析时将深色安全罩关闭，保证安全。

(2) 分析装样品管时要套上等温夹。

(3) 升降机下不要放杂物。

(4) 如果油液下降到最低刻度（正常刻度为 1/2～2/3），应加油（由于消耗少，几乎不用加油）。

(5) 分析杜瓦瓶中会累积冰，累积到一定程度要将冰融化倒掉，清洗杜瓦瓶。

(6) 仪器如果短时间不用，不用关机，以保持内部管路的真空度。

四、粉末压片机

粉末压片机是在实验室内将粉末材料压片成型的仪器，是红外光谱测试仪中必备的附件。在物理化学实验室内，粉末压片机也可以将粉末材料压制成型，在燃烧热测定、凝固点测定实验中得到应用。

1. 工作原理

769YP-15A 手动粉末压片机的工作原理是通过对油缸中的液压油进行物理压缩产生压力，具体过程是利用手轮旋转带动活塞往复运动，将油从油缸压入液压器中。由于压缩导致油压不断增大，形成高压油，然后带动工作活塞上升且在压力表中显示相应的压力值。当开启放油阀手轮时即卸荷，高压油回流到油池中，用手轮将工作活塞复位，压力表数值归零。

769YP-15A 手动粉末压片机装置图如图 4-5-6 所示。

2. 操作方法

(1) 首次使用时先将注油孔螺钉旋松即可（注：运输中为防止漏油，螺钉都拧得很紧）。

(2) 顺时针拧紧出油阀。

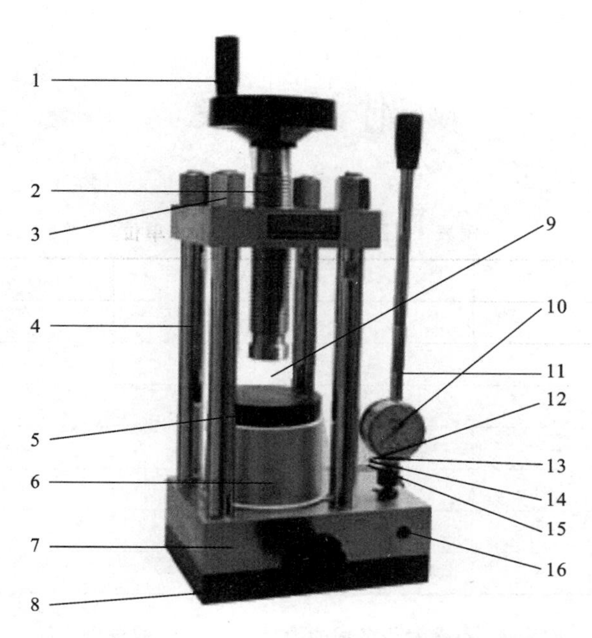

图 4-5-6　769YP-15A **手动粉末压片机装置图**

1. 手轮；2. 丝杠；3. 螺母；4. 立柱；5. 顶盖；6. 大油缸；7. 大板；8. 油池；9. 工作空间；10. 压力表；11. 手动压把；12. 柱塞泵；13. 注油孔螺钉；14. 限位螺钉；15. 吸油阀；16. 出油阀

(3) 将模具置于工作台的中央。

(4) 用丝杠拧紧。

(5) 前后摇动手动压把，达到所需压力。

(6) 保压后，逆时针松开出油阀。

(7) 取下模具即可。

3. 注意事项

(1) 加压时注意，丝杠的螺纹必须全部进入上板，不能只连接几扣，防止丝杠螺纹变形。

(2) 定期在丝杠处加润滑油，防止丝杠生锈影响使用。

(3) 加压决不允许超过机器的压力范围，否则会发生危险。

(4) 压片机使用清洁的 46 号机油为宜，绝不可用刹车油。

(5) 加压时感觉手动压把有力，但压力表无指示，应立即卸荷检查压力表。

(6) 新机器或较长一段时间没有使用时，在用之前应稍微拧紧出油阀，加压到 20～25 MPa 时即卸荷，连续重复 2～3 次即可正常使用。

(7) 大活塞运动的行程不要超过 30 mm。

(8) 压片机压把摇动无力，压力表不上压；螺钉松开，用手堵住低压阀口；摇动压把，油会从出油阀处流出；当手堵不住阀口的油冒出时，应将螺钉还原紧死。

附　　录

附表 1　国际单位制 SI 的基本单位

量	单 位 名 称	单 位 符 号
长度	米	m
质量	千克(公斤)	kg
时间	秒	s
电流	安[培]	A
热力学温度	开[尔文]	K
物质的量	摩[尔]	mol
光强度	坎[德拉]	cd

附表 2　具有专门名词的国际单位制 SI 的导出单位

量 的 名 称	单 位 名 称	符　　号	用 SI 单位表示
频率	赫[兹]	Hz	s^{-1}
力	牛[顿]	N	$kg \cdot m \cdot s^{-2}$
压力、压强	帕[斯卡]	Pa	$N \cdot m^{-2}$
能、功、热量	焦[耳]	J	$N \cdot m$
电量、电荷	库[仑]	C	$A \cdot s$
功率	瓦[特]	W	$J \cdot s^{-1}$
电位、电压、电动势	伏[特]	V	$W \cdot A^{-1}$
电容	法[拉]	F	$C \cdot V^{-1}$
电阻	欧[姆]	Ω	$V \cdot A^{-1}$
电导	西[门子]	S	$A \cdot V^{-1}$
磁通量	韦[伯]	Wb	$V \cdot S$
磁感应强度	特[斯拉]	T	$Wb \cdot m^{-2}$
电感	亨[利]	H	$Wb \cdot A^{-1}$
摄氏温度	摄氏度	℃	—

附表 3　不同温度下水的饱和蒸气压

温度 t/℃	饱和蒸气压/($\times 10^3$ Pa)	温度 t/℃	饱和蒸气压/($\times 10^3$ Pa)
0.00	0.61	51.00	12.97
1.00	0.66	52.00	13.62
2.00	0.71	53.00	14.30
3.00	0.76	54.00	15.01
4.00	0.81	55.00	15.75

续表

温度 t/℃	饱和蒸气压/(×10^3 Pa)	温度 t/℃	饱和蒸气压/(×10^3 Pa)
5.00	0.87	56.00	16.52
6.00	0.94	57.00	17.32
7.00	1.00	58.00	18.16
8.00	1.07	59.00	19.03
9.00	1.15	60.00	19.93
10.00	1.23	61.00	20.87
11.00	1.31	62.00	21.85
12.00	1.40	63.00	22.87
13.00	1.50	64.00	23.93
14.00	1.60	65.00	25.02
15.00	1.71	66.00	26.16
16.00	1.82	67.00	27.35
17.00	1.94	68.00	28.58
18.00	2.06	69.00	29.85
19.00	2.20	70.00	31.18
20.00	2.34	71.00	32.55
21.00	2.49	72.00	33.97
22.00	2.64	73.00	35.45
23.00	2.81	74.00	36.98
24.00	2.99	75.00	38.56
25.00	3.17	76.00	40.21
26.00	3.36	77.00	41.91
27.00	3.57	78.00	43.67
28.00	3.78	79.00	45.49
29.00	4.01	80.00	47.37
30.00	4.25	81.00	49.32
31.00	4.50	82.00	51.34
32.00	4.76	83.00	53.43
33.00	5.03	84.00	55.59
34.00	5.32	85.00	57.82
35.00	5.63	86.00	60.12
36.00	5.95	87.00	62.50
37.00	6.28	88.00	64.96
38.00	6.63	89.00	67.50

续表

温度 t/℃	饱和蒸气压/($\times10^3$ Pa)	温度 t/℃	饱和蒸气压/($\times10^3$ Pa)
39.00	7.00	90.00	70.12
40.00	7.38	91.00	72.82
41.00	7.78	92.00	75.61
42.00	8.21	93.00	78.49
43.00	8.65	94.00	81.47
44.00	9.11	95.00	84.53
45.00	9.59	96.00	87.69
46.00	10.09	97.00	90.95
47.00	10.62	98.00	94.30
48.00	11.17	99.00	97.76
49.00	11.75	100.00	101.32
50.00	12.34	101.00	104.99

附表 4　水在不同温度下的折光率、黏度和介电常数

温度/℃	折光率 n_D	黏度 η/($\times10^{-3}$ Pa·s)	介电常数 ε
0	1.33395	1.7702	87.74
5	1.33388	1.5108	85.76
10	1.33369	1.3039	83.83
15	1.33339	1.1374	81.95
17	1.33324	1.0828	—
19	1.33307	1.0299	—
20	1.33300	1.0019	80.10
21	1.33290	0.9764	79.73
22	1.33280	0.9532	79.38
23	1.33271	0.9310	79.02
24	1.33261	0.9100	78.65
25	1.33250	0.8903	78.30
26	1.33240	0.8703	77.94
27	1.33229	0.8512	77.60
28	1.33217	0.8328	77.24
29	1.33206	0.8145	76.90
30	1.33194	0.7973	76.55
35	1.33131	0.7190	74.83
40	1.33061	0.6526	73.15
45	1.32985	0.5972	71.51
50	1.32904	0.5468	69.91

附表 5　液体的折光率(25 ℃)

名称	n_D	名称	n_D	名称	n_D
甲醇	1.326	乙酸乙酯	1.370	甲苯	1.494
水	1.33250	正己烷	1.372	苯	1.498
乙醚	1.352	丁醇-1	1.397	苯乙烯	1.545
丙酮	1.357	氯仿	1.444	溴苯	1.557
乙醇	1.359	四氯化碳	1.459	苯胺	1.583
醋酸	1.370	乙苯	1.493	溴仿	1.587

附表 6　不同胶体的 ζ-电位

水溶胶				有机溶胶		
分散相	ζ/V	分散相	ζ/V	分散相	分散介质	ζ/V
As_2S_3	−0.032	Bi	0.016	Cd	$CH_3COOC_2H_5$	−0.047
Au	−0.032	Pb	0.018	Zn	CH_3COOCH_3	−0.064
Ag	−0.034	Fe	0.028	Zn	$CH_3COOC_2H_5$	−0.087
SiO_2	−0.044	$Fe(OH)_3$	0.044	Bi	$CH_3COOC_2H_5$	−0.091

附表 7　KCl 溶液的电导率(单位:S · m^{-1})

浓度 c/(mol · L^{-1}) t/℃	1.00000	0.1000	0.02000	0.0100
0	0.06541	0.00715	0.001521	0.000776
5	0.07414	0.00822	0.001752	0.000896
10	0.08319	0.00933	0.001994	0.001020
15	0.09252	0.01048	0.002243	0.001147
16	0.09441	0.01072	0.002294	0.001173
17	0.09631	0.01095	0.002345	0.001199
18	0.09822	0.01119	0.002397	0.001225
19	0.10014	0.01143	0.002449	0.001251
20	0.10207	0.01167	0.002501	0.001278
21	0.10400	0.01191	0.002553	0.001305
22	0.10594	0.01215	0.002606	0.001332
23	0.10789	0.01239	0.002659	0.001359
24	0.10984	0.01264	0.002712	0.001386
25	0.11180	0.01288	0.002765	0.001413
26	0.11377	0.01313	0.002819	0.001441
27	0.11574	0.01337	0.002873	0.001468

续表

t/℃ \ 浓度 c/(mol·L^{-1})	1.00000	0.1000	0.02000	0.0100
28		0.01362	0.002927	0.001496
29		0.01387	0.002981	0.001524
30		0.01412	0.003036	0.001552
35		0.01539	0.003312	
36		0.01564	0.003368	

附表 8　不同温度下水的表面张力

温度/℃	表面张力/(mN·m^{-1})	温度/℃	表面张力/(mN·m^{-1})	温度/℃	表面张力/(mN·m^{-1})
15	73.49	21	72.59	27	71.66
16	73.34	22	72.44	28	71.50
17	73.19	23	72.28	29	71.35
18	73.05	24	72.13	30	71.18
19	72.90	25	71.97	31	70.38
20	72.75	26	71.82	32	69.56

附表 9　常见有机物的燃烧焓(25 ℃)

物　质	分 子 式	$\Delta_c H_m^\ominus$/(kJ·mol^{-1})
甲烷	$CH_4(g)$	−890.31
乙烯	$C_2H_4(g)$	−1410.97
乙炔	$C_2H_2(g)$	−1299.63
乙烷	$C_2H_6(g)$	−1559.88
丙烯	$C_3H_6(g)$	−2058.49
丙烷	$C_3H_8(g)$	−2220.07
正丁烷	$C_4H_{10}(g)$	−2878.51
异丁烷	$C_4H_{10}(g)$	−2871.65
丁烯	$C_4H_8(g)$	−2718.6
戊烷	$C_5H_{12}(g)$	−3536.15
苯	$C_6H_6(l)$	−3267.62
环己烷	$C_6H_{12}(l)$	−3919.91
甲苯	$C_7H_8(l)$	−3909.95
对二甲苯	$C_8H_{10}(l)$	−4552.86
萘	$C_{10}H_8(s)$	−5153.9

续表

物　质	分 子 式	$\Delta_c H_m^\ominus/(kJ \cdot mol^{-1})$
甲醇	$CH_3OH(l)$	−726.64
乙醇	$C_2H_5OH(l)$	−1366.75
乙二醇	$(CH_2OH)_2(l)$	−1192.9
乙醚	$(C_2H_5)_2O(g)$	−2730.9
甲酸	$HCOOH(l)$	−269.9
乙酸	$CH_3COOH(l)$	−871.5
草酸	$(COOH)_2(s)$	−246
苯甲酸	$C_6H_5COOH(s)$	−3227.5
二硫化碳	$CS_2(l)$	−1075
硝基苯	$C_6H_5NO_2(l)$	−3097.8
苯胺	$C_6H_5NH_2(l)$	−3397
葡萄糖	$C_6H_{12}O_6(s)$	−2815.8
蔗糖	$C_{12}H_{22}O_{11}(s)$	−5648
樟脑	$C_{10}H_{16}O(s)$	−5903.6
甘油	$C_3H_8O_3(l)$	−1664.4
苯酚	$C_6H_5OH(s)$	−3063
甲醛	$HCHO(g)$	−563.6
乙醛	$CH_3CHO(g)$	−1192.4
丙酮	$CH_3COCH_3(l)$	−1802.9
乙酸乙酯	$CH_3COOC_2H_5(l)$	−2254.21
草酸二甲酯	$(COOCH_3)_2(l)$	−1677.8

附表 10　常见参比电极电势*

参比电极	电极表示	电极电势 $E^\ominus$/V
标准氢电极	$Pt \mid H_2(p^\ominus) \mid H^+(\alpha_{H^+}=1)$	0.0000
饱和甘汞电极	$Hg \mid Hg_2Cl_2 \mid$ 饱和 KCl	0.2415
标准甘汞电极	$Hg \mid Hg_2Cl_2 \mid KCl(1\ mol \cdot L^{-1})$	0.2800
甘汞电极	$Hg \mid Hg_2Cl_2 \mid KCl(0.1\ mol \cdot L^{-1})$	0.3337
银-氯化银电极	$Ag \mid AgCl \mid KCl(0.1\ mol \cdot L^{-1})$	0.290
氧化汞电极	$Hg \mid HgO \mid KOH(0.1\ mol \cdot L^{-1})$	0.165
硫酸亚汞电极	$Hg \mid Hg_2SO_4 \mid H_2SO_4(1\ mol \cdot L^{-1})$	0.6758

* 25 ℃，相对于标准氢电极(SHE)。

附表 11　不同电极的标准电势(298.15 K)

1. 酸性溶液中

	电极反应	$E^{\ominus}$/V
Ag	$Ag^{+}(aq) + e^{-} = Ag(s)$	0.80
	$Ag^{2+}(aq) + e^{-} = Ag^{+}(aq)$	1.98
	$AgBr(s) + e^{-} = Ag(s) + Br^{-}(aq)$	0.071
	$AgCl(s) + e^{-} = Ag(s) + Cl^{-}(aq)$	0.222
	$AgI(s) + e^{-} = Ag(s) + I^{-}(aq)$	−0.152
	$Ag_2CrO_4(aq) + 2e^{-} = 2Ag(s) + CrO_4^{2-}(aq)$ *	0.447
Al	$Al^{3+}(aq) + 3e^{-} = Al(s)$	−1.676
As	$HAsO_2(aq) + 3H^{+}(aq) + 3e^{-} = As(s) + 2H_2O(l)$	0.240
	$H_3AsO_4(aq) + 2H^{+}(aq) + 2e^{-} = HAsO_2(aq) + 2H_2O(l)$ *	0.560
Au	$Au^{3+}(aq) + 3e^{-} = Au(s)$	1.52
	$Au^{3+}(aq) + 2e^{-} = Au^{+}(aq)$	1.36
	$AuCl_4^{-}(aq) + 3e^{-} = Au(s) + 4Cl^{-}(aq)$	1.002
Ba	$Ba^{2+}(aq) + 2e^{-} = Ba(s)$	−2.92
Br	$Br_2(l) + 2e^{-} = 2Br^{-}(aq)$	1.065
	$2BrO_3^{-}(aq) + 12H^{+}(aq) + 10e^{-} = Br_2(l) + 6H_2O(l)$	1.478
C	$2CO_2(g) + 2H^{+}(aq) + 2e^{-} = H_2C_2O_4(aq)$	−0.49
Ca	$Ca^{2+}(aq) + 2e^{-} = Ca(s)$	−2.84
Cd	$Cd^{2+}(aq) + 2e^{-} = Cd(s)$	−0.403
Cl	$Cl_2(g) + 2e^{-} = 2Cl^{-}(aq)$	1.358
	$ClO_3^{-}(aq) + 6H^{+}(aq) + 6e^{-} = Cl^{-}(aq) + 3H_2O(l)$	1.450
	$2ClO_3^{-}(aq) + 12H^{+}(aq) + 10e^{-} = Cl_2(g) + 6H_2O(l)$ *	1.47
	$ClO_4^{-}(aq) + 2H^{+}(aq) + 2e^{-} = ClO_3^{-}(aq) + H_2O(l)$	1.189
	$2HClO(aq) + 2H^{+}(aq) + 2e^{-} = Cl_2(g) + 2H_2O(l)$ *	1.611
Co	$Co^{2+}(aq) + 2e^{-} = Co(s)$	−0.277
	$Co^{3+}(aq) + e^{-} = Co^{2+}(aq)$ *	1.92
Cr	$Cr^{2+}(aq) + 2e^{-} = Cr(s)$	−0.90
	$Cr^{3+}(aq) + e^{-} = Cr^{2+}(aq)$	−0.424
	$Cr_2O_7^{2-}(aq) + 14H^{+}(aq) + 6e^{-} = 2Cr^{3+}(aq) + 7H_2O(l)$	1.33
Cs	$Cs^{+}(aq) + e^{-} = Cs(s)$	−2.923
Cu	$Cu^{+}(aq) + e^{-} = Cu(s)$	0.52
	$Cu^{2+}(aq) + e^{-} = Cu^{+}(aq)$	0.159

续表

	电极反应	$E^{\ominus}$/V
	$Cu^{2+}(aq) + 2e^- \longrightarrow Cu(s)$	0.34
	$Cu^{2+}(aq) + I^-(aq) + e^- \longrightarrow CuI(s)$	0.86
F	$F_2(g) + 2e^- \longrightarrow 2F^-(aq)$	2.866
	$F_2O(g) + 2H^+(aq) + 4e^- \longrightarrow H_2O(l) + 2F^-(aq)$	2.1
Fe	$Fe^{2+}(aq) + 2e^- \longrightarrow Fe(s)$	−0.44
	$Fe^{3+}(aq) + e^- \longrightarrow Fe^{2+}(aq)$	0.771
	$Fe(CN)_6^{3-}(aq) + e^- \longrightarrow Fe(CN)_6^{4-}(aq)$	0.361
H	$2H^+(aq) + 2e^- \longrightarrow H_2(g)$	0.000
Hg	$Hg_2^+(aq) + 2e^- \longrightarrow Hg(l)$	0.854
	$Hg_2^{2+}(aq) + 2e^- \longrightarrow 2Hg(l)^*$	0.7973
	$2Hg^{2+}(aq) + 2e^- \longrightarrow Hg_2^{2+}(aq)^*$	0.920
	$2HgCl_2(aq) + 2e^- \longrightarrow Hg_2Cl_2(s) + 2Cl^-(aq)$	0.63
	$Hg_2Cl_2(s) + 2e^- \longrightarrow 2Hg(l) + 2Cl^-(aq)$	0.2676
I	$I_2(s) + 2e^- \longrightarrow 2I^-(aq)$	0.535
	$I_3^-(aq) + 2e^- \longrightarrow 3I^-(aq)$	0.536
	$2IO_3^-(aq) + 12H^+(aq) + 10e^- \longrightarrow I_2(s) + 6H_2O(l)$	1.20
In	$In^{3+}(aq) + 3e^- \longrightarrow In(s)$	−0.338
K	$K^+(aq) + e^- \longrightarrow K(s)$	−2.924
La	$La^{3+}(aq) + 3e^- \longrightarrow La(s)$	−2.38
Li	$Li^+(aq) + e^- \longrightarrow Li(s)$	−3.04
Mg	$Mg^{2+}(aq) + 2e^- \longrightarrow Mg(s)$	−2.356
Mn	$Mn^{2+}(aq) + 2e^- \longrightarrow Mn(s)$	−1.18
	$MnO_2(s) + 4H^+(aq) + 2e^- \longrightarrow Mn^{2+}(aq) + 2H_2O(l)$	1.23
	$MnO_4^-(aq) + 8H^+(aq) + 5e^- \longrightarrow Mn^{2+}(aq) + 4H_2O(l)$	1.51
	$MnO_4^-(aq) + 4H^+(aq) + 3e^- \longrightarrow MnO_2(s) + 2H_2O(l)$	1.70
	$MnO_4^-(aq) + e^- \longrightarrow MnO_4^{2-}(aq)$	0.56
N	$NO_3^-(aq) + 4H^+(aq) + 3e^- \longrightarrow NO(g) + 2H_2O(l)$	0.956
	$NO_3^-(aq) + 3H^+(aq) + 2e^- \longrightarrow HNO_2(aq) + H_2O(l)^*$	0.934
	$2NO_3^-(aq) + 4H^+(aq) + 2e^- \longrightarrow N_2O_4(aq) + 2H_2O(l)^*$	0.803
Na	$Na^+(aq) + e^- \longrightarrow Na(s)$	−2.713
Ni	$Ni^{2+}(aq) + 2e^- \longrightarrow Ni(s)$	−0.257
O	$O_2(g) + 2H^+(aq) + 2e^- \longrightarrow H_2O_2(aq)$	0.695

续表

	电极反应	$E^\ominus$/V
	$O_2(g) + 4H^+(aq) + 4e^- = 2H_2O(l)$	1.229
	$O_3(g) + 2H^+(aq) + 2e^- = O_2(g) + H_2O(l)$	2.075
	$H_2O_2(aq) + 2H^+(aq) + 2e^- = 2H_2O(l)$	1.763
P	$H_3PO_4(aq) + 2H^+(aq) + 2e^- = H_3PO_3(aq) + H_2O(l)$	−0.276
Pb	$Pb^{2+}(aq) + 2e^- = Pb(s)$	−0.125
	$PbO_2(s)+SO_4^{2-}(aq)+4H^+(aq)+2e^- = PbSO_4(s)+2H_2O(l)$	1.69
	$PbO_2(s) + 4H^+(aq) + 2e^- = Pb^{2+}(aq) + 2H_2O(l)$	1.455
	$PbSO_4(s) + 2e^- = Pb(s) + SO_4^{2-}(aq)$	−0.356
Rb	$Rb^+(aq) + e^- = Rb(s)$	−2.924
S	$S(s) + 2H^+(aq) + 2e^- = H_2S(g)$	0.144
	$H_2SO_3(aq) + 4H^+(aq) + 4e^- = S(s) + 3H_2O(l)^*$	0.449
	$SO_4^{2-}(aq) + 4H^+(aq) + 2e^- = SO_2(g) + 2H_2O(l)$	0.17
	$SO_4^{2-}(aq) + 4H^+(aq) + 2e^- = H_2SO_3(aq) + H_2O(l)^*$	0.172
	$S_2O_8^{2-}(aq) + 2e^- = 2SO_4^{2-}(aq)$	2.01
	$S_2O_8^{2-}(aq) + 2H^+(aq) + 2e^- = 2HSO_4^-(aq)^*$	2.123
Sn	$Sn^{2+}(aq) + 2e^- = Sn(s)$	−0.137
	$Sn^{4+}(aq) + 2e^- = Sn^{2+}(aq)$	0.154
Sr	$Sr^{2+}(aq) + 2e^- = Sr(s)$	−2.89
Ti	$Ti^{2+}(aq) + 2e^- = Ti(s)$	−1.630
U	$U^{3+}(aq) + 3e^- = U(s)$	−1.66
V	$VO_2^+(aq) + 2H^+(aq) + e^- = VO^{2+}(aq) + H_2O(l)$	1.00
	$VO^{2+}(aq) + 2H^+(aq) + e^- = V^{3+}(aq) + H_2O(l)$	0.337
Zn	$Zn^{2+}(aq) + 2e^- = Zn(s)$	−0.763

2. 碱性溶液中

	电极反应	$E^\ominus$/V
Ag	$2AgO(s) + H_2O(l) + 2e^- = Ag_2O(s) + 2OH^-(aq)$	0.604
	$Ag_2O(s) + H_2O(l) + 2e^- = 2Ag(s) + 2OH^-(aq)$	0.342
Al	$Al(OH)_4^-(aq) + 3e^- = Al(s) + 4OH^-(aq)$	−2.31
	$H_2AlO_3^-(aq) + H_2O(l) + 3e^- = Al(s) + 4OH^-(aq)^*$	−2.33
As	$As(s) + 3H_2O(l) + 3e^- = AsH_3(g) + 3OH^-(aq)$	−1.21
	$AsO_2^-(aq) + 2H_2O(l) + 3e^- = As(s) + 4OH^-(aq)$	−0.68
	$AsO_4^{3-}(aq) + 2H_2O(l) + 2e^- = AsO_2^-(aq) + 4OH^-(aq)$	−0.67

续表

	电极反应	$E^\ominus$/V
Br	$BrO^-(aq) + H_2O(l) + 2e^- = Br^-(aq) + 2OH^-(aq)$	0.766
	$BrO_3^-(aq) + 3H_2O(l) + 6e^- = Br^-(aq) + 6OH^-(aq)$	0.584
Ca	$Ca(OH)_2(s) + 2e^- = Ca(s) + 2OH^-(aq)$	−3.02
Cl	$ClO^-(aq) + H_2O(l) + 2e^- = Cl^-(aq) + 2OH^-(aq)$	0.890
	$ClO_3^-(aq) + 3H_2O(l) + 6e^- = Cl^-(aq) + 6OH^-(aq)$	0.622
	$ClO_3^-(aq) + H_2O(l) + 2e^- = ClO_2^-(aq) + 2OH^-(aq)^*$	0.33
	$ClO_4^-(aq) + H_2O(l) + 2e^- = ClO_3^-(aq) + 2OH^-(aq)^*$	0.36
Cr	$Cr(OH)_3(s) + 3e^- = Cr(s) + 3OH^-(aq)^*$	−1.48
	$CrO_4^{2-}(aq) + 4H_2O(l) + 3e^- = Cr(OH)_3 + 5OH^-(aq)^*$	−0.13
Cu	$Cu_2O(s) + H_2O(l) + 2e^- = 2Cu(s) + 2OH^-(aq)^*$	−0.360
Fe	$Fe(OH)_2(s) + 2e^- = Fe(s) + 2OH^-(aq)$	−0.8914
	$Fe(OH)_3(s) + e^- = Fe(OH)_2(s) + OH^-(aq)^*$	−0.56
H	$2H_2O(l) + 2e^- = H_2(g) + 2OH^-(aq)$	−0.8277
Hg	$HgO(s) + H_2O(l) + 2e^- = Hg(s) + 2OH^-(aq)^*$	0.0977
I	$IO^-(aq) + H_2O(l) + 2e^- = I^-(aq) + 2OH^-(aq)^*$	0.485
	$2IO^-(aq) + 2H_2O(l) + 2e^- = I_2(s) + 4OH^-(aq)$	0.42
	$IO_3^-(aq) + 3H_2O(l) + 6e^- = I^-(aq) + 6OH^-(aq)^*$	0.26
Mg	$Mg(OH)_2(s) + 2e^- = Mg(s) + 2OH^-(aq)^*$	−2.69
Mn	$Mn(OH)_2(s) + 2e^- = Mn(s) + 2OH^-(aq)^*$	−1.56
	$MnO_4^-(aq) + 2H_2O(l) + 3e^- = MnO_2(s) + 4OH^-(aq)$	0.595
	$MnO_4^{2-}(aq) + 2H_2O(l) + 2e^- = MnO_2(s) + 4OH^-(aq)^*$	0.60
N	$NO_3^-(aq) + H_2O(l) + 2e^- = NO_2^-(aq) + 2OH^-(aq)$	0.01
O	$O_2(g) + 2H_2O(l) + 4e^- = 4OH^-(aq)$	0.401
	$O_3(g) + H_2O(l) + 2e^- = O_2(g) + 2OH^-(aq)$	1.246
Pb	$HPbO_2^-(aq) + H_2O(l) + 2e^- = Pb(s) + 3OH^-(aq)$	−0.54
S	$S(s) + 2e^- = S^{2-}(aq)^*$	−0.455
	$SO_4^{2-}(aq) + H_2O(l) + 2e^- = SO_3^{2-}(aq) + 2OH^-(aq)^*$	−0.93
	$2SO_3^{2-}(aq) + 3H_2O(l) + 4e^- = S_2O_3^{2-}(aq) + 6OH^-(aq)^*$	−0.571
Sb	$SbO_2^-(aq) + 2H_2O(l) + 3e^- = Sb(s) + 4OH^-(aq)^*$	−0.66
Zn	$Zn(OH)_2(s) + 2e^- = Zn(s) + 2OH^-(aq)$	−1.246

注：以上表中数据摘自 Petrucci R H，Harwood W S，Herring F G. General Chemistry：Principles and Modern Applications，8 ed. 2002.

其中标“ * ”的数据摘自 CRC Handbook of Chemistry and Physics，82 ed. 2001—2002. 所有电极电势相对于标准氢电极(SHE)而言。

参考文献

[1] 天津大学物理化学教研室.物理化学(简明版)[M].2版.北京:高等教育出版社,2018.
[2] 天津大学物理化学教研室.物理化学(上、下册)[M].6版.北京:高等教育出版社,2017.
[3] 洪建和,王君霞,付凤英.物理化学实验[M].武汉:中国地质大学出版社,2016.
[4] 金丽萍,邬时清.物理化学实验[M].上海:华东理工大学出版社,2016.
[5] 郑传明,吕桂琴.物理化学实验[M].2版.北京:北京理工大学出版社,2015.
[6] 刘秀英,刘华丽,李明. 大学化学实验[M].武汉:武汉出版社,2011.
[7] 武汉大学化学与分子科学学院实验中心.物理化学实验[M].2版.武汉:武汉大学出版社,2012.
[8] 高丕英,李江波.物理化学实验[M].上海:上海交通大学出版社,2010.
[9] 袁誉洪.物理化学实验[M].北京:科学出版社,2008.
[10] 顾月姝,宋淑娥.基础化学实验(Ⅲ):物理化学实验[M].2版.北京:化学化工出版社,2007.
[11] 罗澄源,向明礼.物理化学实验[M].4版.北京:高等教育出版社, 2004.